"十三五"机电工程实践系列规划教材

机电工程综合实训系列

快速成型制造实训教程

总策划　郁汉琪

主　编　李小笠　陆欣云

副主编　徐有峰　谢乃军

参　编　史建俊

U0254722

东南大学出版社

SOUTHEAST UNIVERSITY PRESS

·南京·

图书在版编目(CIP)数据

快速成型制造实训教程/李小笠,陆欣云主编. —南

京:东南大学出版社,2016.11

"十三五"机电工程实践系列规划教材·机电工程综

合实训系列

ISBN 978 - 7 - 5641 - 6822 - 3

Ⅰ.①快… Ⅱ.①李…②陆… Ⅲ. 快速成型技术-高

等学校-教材 Ⅳ.①TB4

中国版本图书馆 CIP 数据核字(2016)第 261388 号

快速成型制造实训教程

出版发行	东南大学出版社
出 版 人	江建中
社　　址	南京市四牌楼 2 号
邮　　编	210096
经　　销	全国各地新华书店
印　　刷	南京工大印务有限公司
开　　本	787 mm×1092 mm　1/16
印　　张	8
字　　数	205 千字
版　　次	2016 年 11 月第 1 版
印　　次	2016 年 11 月第 1 次印刷
书　　号	ISBN 978 - 7 - 5641 - 6822 - 3
印　　数	1—3000 册
定　　价	20.00 元

(本社图书若有印装质量问题,请直接与营销部联系。电话:025 - 83791830)

序

南京工程学院一向重视实践教学,注重学生的工程实践能力和创新能力的培养。长期以来,学校坚持走产学研之路、创新人才培养模式,培养高质量应用型人才。开展了以先进工程教育理念为指导、以提高实践教学质量为抓手、以多元校企合作为平台、以系列项目化教学为载体的教育教学改革。学校先后与国内外一批著名企业合作共建了一批先进的实验室、实验中心或实训基地,规模宏大、合作深入,彻底改变了原来学校实验室设备落后于行业产业技术的现象。同时经过与企业实验室的共建、实验实训设备共同研制开发、工程实践项目的共同指导、学科竞赛的共同举办和教学资源的共同编著等,在产教融合协同育人等方面积累了丰富经验和改革成果,在人才培养改革实践过程中取得了重要成果。

本次编写的《"十三五"机电工程实践系列规划教材》是围绕机电工程训练体系四大部分内容而编排的,包括"机电工程基础实训系列""机电工程控制基础实训系列""机电工程综合实训系列"和"机电工程创新实训系列"等 26 册。其中"机电工程基础实训系列"包括《电工技术实验指导书》《电子技术实验指导书》《电工电子实训教程》《机械工程基础训练教程(上)》和《机械工程基础训练教程(下)》等 5 册;"机电工程控制基础实训系列"包括《电气控制与 PLC 实训教程(西门子)》《电气控制与 PLC 实训教程(三菱)》《电气控制与 PLC 实训教程(台达)》《电气控制与 PLC 实训教程(通用电气)》《电气控制与 PLC 实训教程(罗克韦尔)》《电气控制与 PLC 实训教程(施耐德电气)》《单片机实训教程》《检测技术实训教程》和《液压与气动控制技术实训教程》等 9 册;"机电工程综合实训系列"包括《数控系统 PLC 编程与实训教程(西门子)》《数控系统 PMC 编程与实训教程(法那科)》《数控系统 PLC 编程与实践训教程(三菱)》《先进制造技术实训教程》《快速成型制造实训教程》《工业机器人编程与实训教程》和《智能自动化生产线实训教程》等 7 册;"机电工程创新实训系列"包括《机械创新综合设计与训练教程》《电子系统综合设计与训练教程》《自动化系统集成综合设计与训练教程》《数控机床电气综合设计与训练教程》《数字化设计与制造综合设计与训练教程》

等 5 册。

该系列规划教材,既是学校深化实践教学改革的成效,也是学校教师与企业工程师共同开发的实践教学资源建设的经验总结,更是学校参加首批教育部"本科教学质量与教学改革工程"项目——"卓越工程师人才培养教育计划""CDIO工程教育模式改革研究与探索"和"国家级机电类人才培养模式创新实验区"工程实践教育改革的成果。该系列中的实验实训指导书和训练讲义经过了十年来的应用实践,在相关专业班级进行了应用实践与探索,成效显著。

该系列规划教材面向工程、重在实践、体现创新。在内容安排上既有基础实验实训、又有综合设计与集成应用项目训练,也有创新设计与综合工程实践项目应用;在项目的实施上采用国际化的 CDIO[Conceive(构思)、Design(设计)、Implement(实现)、Operate(运作)]工程教育的标准理念,"做中学、学中研、研中创"的方法,实现学做创一体化,使学生以主动的、实践的、课程之间有机联系的方式学习工程。通过基于这种系列化的项目教育和学习后,学生会在工程实践能力、团队合作能力、分析归纳能力、发现问题解决问题的能力、职业规划能力、信息获取能力以及创新创业能力等方面均得到锻炼和提高。

该系列规划教材的编写、出版得到了通用电气、三菱电机、西门子等多家企业的领导与工程师们的大力支持和帮助,出版社的领导、编辑也不辞辛劳、出谋划策,才能使该系列规划教材如期出版。该系列规划教材既可作为各高等院校电气工程类、自动化类、机械工程类等专业,相关高校工程训练中心或实训基地的实验实训教材,也可作为专业技术人员培训用参考资料。相信该系列规划教材的出版,一定会对高等学校工程实践教育和高素质创新人才的培养起到重要的推动作用。

教育部高等学校电气类教学指导委员会主任

胡敏强

2016 年 5 月于南京

前　言

随着现代工业生产模式的转型,产品的生命周期越来越短,小批量个性化生产越来越受欢迎。产品的开发速度以及制造技术的灵活性备受关注。因此,在20世纪80年代后期出现的快速成形技术成为适应这种转型的高新制造技术之一。

全书共分为九章,首先对目前典型快速成型技术与应用进行了详细介绍,主要包括目前常用的快速成型技术、材料及设备、数据处理及关键技术、应用及发展趋势等内容。其次,介绍了分层实体制造(LOM)和熔融沉积制造(FDM)的快速成型机软件和设备的操作。最后,设计了四种操作实验,以便快速掌握两种快速成型技术。书后附录提供了Solido SD300Pro快速成型打印机故障解决方案以及机器面板显示故障类型,便于读者在遇到问题时及时处理和解决。

本书可作为高等院校机械设计制造及其自动化相关专业本科生实验用书,也可作为对学习快速成型技术有兴趣的读者的参考书。特别适用于有LOM或FDM快速成型设备的高等院校或高职院校作为操作培训教材。

本书由李小笠、陆欣云主编,并负责审查及统稿。第1、2、3、4、6章由李小笠编写,第5、9章由陆欣云编写,第7、8章由徐有峰编写,本书编写过程中参阅了国内外同行的教材、资料和文献,在此表示感谢。对谢乃军、史建俊等老师为本书出版给予的支持一并致谢。

由于编著者水平有限,更由于快速成型技术日新月异的发展,书中的错误和缺点恳请读者批评指正。

编者

2016 年 10 月

目　录

1 快速成型基本理论

1.1 快速成型技术简介

快速成型(Rapid Prototyping,RP)技术是 20 世纪 80 年代问世的一门新兴制造技术,自问世以来,得到迅速发展。由于 RP 技术可以使数据模型转化为物理模型,并能有效地提高新产品的设计质量,缩短新产品开发周期,提高企业的市场竞争力,因而受到越来越多领域的关注,被一些学者誉为敏捷制造技术的使能技术之一。图 1.1 是快速成型机。

图 1.1　快速成型机

1.1.1　快速成型技术的概念

快速成型技术是采用逐点或逐层成型方法制造物理模型、模具和零件的一种先进制造技术。它是计算机辅助设计与制造技术、逆向工程技术、分层制造技术、材料去除成型技术、材料增加成型技术的集成,即快速成型技术就是利用三维 CAD 的数据,通过快速成型机,将一层层的材料堆积成实体原型。

快速成型的基本过程如图 1.2 所示。

(1) 构造三维模型:借助三维 CAD 软件设计或用实体逆向工程采集原型的几何形状、结构和材料的组合信息,得到样品的三维模型。

(2) 切片处理:用切片软件,在三维模型上,沿成型的垂直方向,每隔一定的间隔进行切片处理,以便提取界面的轮廓。

(3) 成型:选用具体的成型工艺,在计算机的控制下,逐层加工,然后反复叠加,最终形成三维产品。

(4) 后处理:根据具体的工艺,采用适当的后处理方法,改善样品性能。

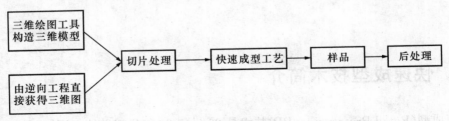

图 1.2　快速成型过程

1.1.2　快速成型技术的工作原理

快速成型的基本工作原理(见图 1.3):

(1) 首先生成一个产品的三维 CAD 实体模型或曲面模型文件,将其转换成 STL 格式。

(2) 再用相关软件从 STL 文件"切"出设定厚度的一系列的片层,或者直接从 CAD 文件切出一系列的片层。

(3) 将上述每一片层的资料传到快速成型机中,类似于向打印机传递打印信息,成型机根据每一片层数据进行加工,然后把片层按照顺序堆积叠加,直到完成整个零件。因此,快速成型的基本原理可概括为"离散原型""分层制造""逐层叠加"。

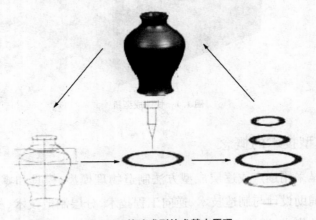

图 1.3　快速成型技术基本原理

1.1.3　快速成型技术的特点

快速成型技术彻底摆脱了传统的"去除材料"加工法,而基于"材料逐层堆积"的制造理念,将复杂的三维加工分解为简单的材料二维添加的组合,它能在 CAD 模型的直接驱动下,快速制造任意复杂形状的三维实体,是一种全新的制造技术。

它具有以下特点（见图 1.4）：

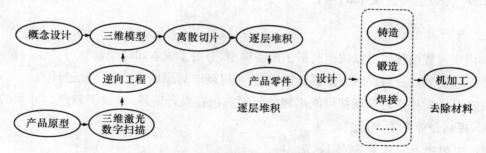

图 1.4　快速成型技术与传统加工技术的对比

1）快速性

从设计思想转变为具有一定结构功能的产品原型，一般只需几个小时至几十个小时，可以对产品设计进行快速评估、测试及功能试验，以缩短研制周期，减少开发费用，提高企业参与市场竞争的能力。

2）集成性

通过计算机直接执行 CAD 模型的数控指令，避免了数控中的复杂编程，真正实现了设计制造一体化，大大提高了加工效率。

3）高度柔性

若要生产不同形状的零件模型，只需改变 CAD 模型，重新调整和设置参数即可，成型过程中不需要专门的夹具和工具，成型零件与 CAD 模型具有直接关联，零件可随时修改、随时制造。

4）无限制性

快速成型不受零件的形状和复杂程度的限制，可成型任意形状的造型，这就摆脱了传统夹具、刀具加工的限制，使高难度、高复杂度的模型加工变得相对较容易。

5）材料的广泛性

快速成型技术可以制造树脂类、塑料原型，还可以制造出纸类、石蜡类、复合材料以及金属材料和陶瓷的原型。

6）低造价性

其制造周期一般为传统的数控切削方法的 $1/5 \sim 1/10$，而成本仅为 $1/3 \sim 1/5$，它在保证一定精度和零件制作精度的基础上，具有最优的性能价格比，这也是快速成型得到飞速发展的一个重要原因。

1.1.4 快速成型技术的应用

1）新产品测评

利用快速成型技术可以快速制造出所需模型,节约了成本和时间。

能迅速得到用户对设计方案的反馈信息,可以随时对原始模型进行改进。

在产品大批生产之前就把可能出现的问题解决在设计阶段,减少了新产品开发的成本和时间,提高企业竞争力。

2）可制造性、可装配性检验

制造出产品样品,便于对产品设计及时提出意见,减少失误和返工,节省工时。

对需要装配的零件,在投产之前,先用快速成型工艺制造出零部件,然后预装配,以验证设计是否合理,如有问题,以便及时整改,在产品正式生产之前得到彻底解决。

3）性能与功能测试

快速成型技术制作的工件,也可以直接应用于各类力学性能和功能参数试验测试。如进行应力测试和流体力学及空气动力学分析等。

快速成型技术可以制造各种复杂的空间曲面,对流体力学及空气动力学分析等更具有实际意义。如果没有快速成型技术,这种测试需要花费很长的周期,有时几乎是不可能进行。

4）单件、小批量和特殊复杂零件的直接生产

对于高分子材料的零部件,可用高强度的工程塑料直接快速成型,满足使用要求;对于复杂金属零件,可通过快速铸造或直接金属件成型获得。该项应用对于航空、航天及国防工业有特殊意义。

5）快速模具制造

通过各种转换技术将 RP 原型转换成各种快速模具,如低熔点合金模、硅胶模、金属冷喷模、陶瓷模等,进行中小批量零件的生产,满足产品更新换代快、批量越来越小的发展趋势。

6）生物医学领域

它根据扫描得到的人体分层截面数据,制造出人体器官的模型,并用于临床医学辅助诊断复杂手术方案的确定。

特别是在人工骨替代物的制造方面更显示出它的独特优势,它既可以用于制造非生物活性骨(如金属骨),也可以用于制造生物活性骨。

组织工程是快速成型目前应用的一项新技术,利用快速成型制造的细胞支架可以修复、维护、促进人体各种组织或器官损伤到正常状态。

7）微型机械

通过采用某些工艺加工方法,如光固化成型法,快速成型制造技术可以用于微型机械的

制造和装配。

8）艺术领域

快速成型技术还可以用于复制文物,制作工艺品的设计原型、展览模型等。

1.2 典型的快速成型制造工艺

目前,世界上已有几十种不同的快速成型工艺方法,其中比较成熟的技术就有十余种,光固化成型法(SLA)、分层实体制造法(LOM)、选择性激光烧结法(SLS)和熔融沉积法(FDM)四种方法自快速成型技术产生以来在世界范围内应用最为广泛。但值得一提的是,三维打印技术(3DP)已经成为最近两年最热门和发展最为迅速的工艺方法。

1.2.1 光固化成型法(SLA)

光固化成型(Stereo Lithography Apparatus,SLA)也称为立体光刻成型。它是最早出现的快速成型技术,已经有 20 多年的历史。光固化成型的物理机制是光敏树脂在激光束有选择的照射下能够迅速局部固化。它的工作原理如下:液槽中盛满液态光敏树脂,一定波长的紫外激光光束按计算机的控制指令在液面上有选择地逐点扫描,使被扫描区的树脂薄层产生光聚合反应而固化,形成一个二维图形。一层扫描结束后,升降台下降一层高度,在原先固化的树脂表面会再敷上一层新的液态树脂,然后进行第二层扫描。新固化的一层牢固地粘在前一层上,如此重复直至整个成型过程结束。图 1.5 是光固化成型法工作原理。

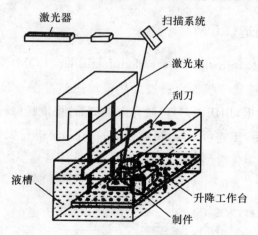

图 1.5　光固化成型法工作原理

这种方法适合成型小件,能直接得到塑料产品,表面粗糙度质量较好,并且由于紫外激光波长短(例如 He-cd 激光器,λ=325 nm),可以得到很小的聚焦光斑,从而得到较高的尺寸精度。图 1.6 是采用光固化成型得到的雷诺 F1 赛车功能零件。

图 1.6　雷诺 F1 赛车功能零件(采用新型光固化聚合物——"蓝石"陶瓷)

但它也有缺点:

(1) 需要设计支撑结构,才能确保在成型过程中制件的每一个结构部分都能可靠定位;

(2) 成型中有物相变化,翘曲变形较大,也可以通过支撑结构加以改善;

(3) 原材料有污染,且使皮肤过敏。

1.2.2　分层实体制造(LOM)

分层实体制造工艺(Laminated Object Manufacturing, LOM)是将单面可粘接的带状薄层材料(如涂覆纸、PVC 卷状薄膜等),通过加热辊加热粘接在一起。位于上方的激光器按照 CAD 分层模型获取数据,用切割刀具(激光束或刻刀)将带状材料切割成所要制得的零件的内外轮廓。一层完成后,工作台下降,覆盖上新的一层,再进行操作。这样反复逐层切割、粘合、切割……直至整个零件模型制作完成(见图 1.7)。

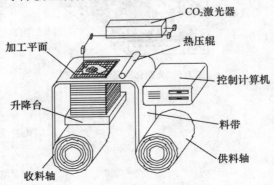

图 1.7　分层实体制造设备组成

与其他快速成型方法相比,LOM 技术以面作为最小成型单位,因此具有非常高的成型效率(见图 1.8)。其特点如下:

(1) LOM 工艺仅切割内外轮廓,无内加工,形成速率高;

(2) 使用小功率 CO_2 激光或低成本刀具,价格低且使用寿命长;

(3) 制造材料一般用涂有热熔胶及添加剂的纸张或者 PVC 塑料,成本低;

(4) 成型过程中,不存在收缩和翘曲变形,无需支撑等辅助工艺;

(5) 不足之处是材料种类少,纸、塑料等材料的应用用途受限,制件性能不高。

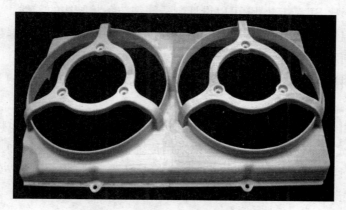

图 1.8　应用 LOM 成型工艺快速制造的铸造木模

1.2.3　选择性激光烧结成型(SLS)

选择性激光烧结(Selective Laser Sintering, SLS)的物理机制是以激光为能源,将粉末中的粘结剂融化,把塑料粉末、金属粉末或树脂砂凝结成原型件。

其工作原理如下:使用 CO_2 激光束烧结粉末材料。成型时先在工作台上铺一层粉末材料,并刮平。用高强度的 CO_2 激光器在刚铺的新层上扫描出零件截面;材料粉末在高强度的激光照射下被烧结在一起,得到零件的截面。一层完成后,工作台下降一个层厚,再进行后一层的铺粉烧结。如此循环最终形成三维产品(见图 1.9)。

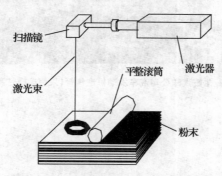

图 1.9　选择性激光烧结技术(SLS)工作原理

选择性激光烧结的特点如下：

（1）制造工艺比较简单：可以直接生产复杂形状的原型、型模、三维构件或部件及工具，能广泛适应设计和变化。

（2）精度高：依赖于使用的材料种类和粒径、产品的几何形状和复杂程度。一般当零件的细节特征大于 0.5 mm，就可以表达出来，能够达到构件整体范围内±（0.05～2.5）mm 的公差。当粉末粒径为 0.1 mm 以下时，成型后的原型精度可达±1%。

（3）材料利用率高，价格便宜，成本低。

（4）翘曲变形比 SLA 工艺小，可以设计制造精细与条状结构的零件。

（5）使用高温烧结材料成型的零件，具有很好的强度和硬度等物理特性。

（6）零件表面粗糙，颗粒大，需要手工抛光表面。

（7）工程塑料类材料烧结，需要维持工作区域的温度场的平衡，并且温度需要控制在 150～200 ℃。

图 1.10 是德国戴尔姆汽车公司汽车发动机进气管，这是一个复杂形状的塑料件，主要用于发动机功率试验，制造数量 1 件。如果采用传统材料（铸铝件）进行加工，需要 1 个月左右。而采用选择性激光烧结技术，则只要 48 小时就可制得，大大节省了加工时间。图 1.11 是选择性激光烧结技术制造的零件。

图 1.10　德国戴尔姆汽车公司汽车发动机进气管（采用选择性激光烧结技术）

图 1.11　选择性激光烧结技术制造的零件

1.2.4　熔融沉积造型

熔融沉积造型(Fused Deposition Modeling, FDM)工艺也称为熔融沉积制造工艺或者熔丝沉积,是一种不依靠激光作为成型能源而将各种丝材(如工程塑料 ABS、聚碳酸酯 PC 等)加热熔化进而堆积成型的方法。

熔融沉积造型的工作原理是(见图 1.12):成型机的加热喷头受计算机控制做 X、Y 平面运动。丝材由送丝机构送至喷头,经过加热、熔化,从喷头挤出粘接到工作台面上,然后快速冷却并凝固。每一层截面完成后,工作台下降一层的高度,再继续进行下一层的造型。如此反复,直至最后整个实体的造型完成。每层的厚度根据喷头的直径大小确定。

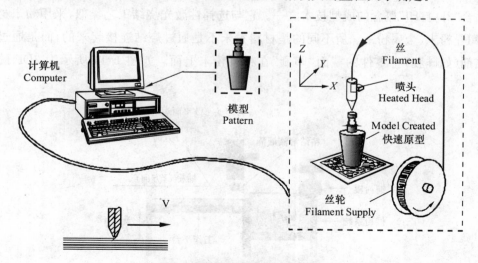

图 1.12　熔融沉积造型的工作原理

图 1.13 是利用熔融沉积技术制得的作品。熔融沉积造型技术的特点是:

(1) 安全可靠、材料环保。不使用激光器,不会对操作者造成人身伤害隐患;使用固体成型材料,不存在粉尘污染及职业病危害;成型材料安全无毒无刺激气味,使用方便。

(2) 运行费用最低,经济实惠。常用快速成型工艺中单位时间运行费用最低;设备没有贵重易耗部件,维护成本低;材料成本低,可以非常方便地制作空心网格结构,制件成本最低。

(3) 成型材料具有较好的弹性韧性,易于装配后处理。

(4) 但是,该技术也存在精度较低、成型速度相对较慢、不适合构建大型零件、打印颜色不丰富(受限于喷嘴的数量)等缺点。

图 1.13　熔融沉积造型作品

1.2.5　三维印刷(3DP)

三维印刷(Three-Dimension Printing,3DP)的工作原理类似于喷墨打印机,是形式上最为贴合"3D 打印"概念的成型技术之一。它与选择性激光烧结工艺类似,采用粉末材料成型,如陶瓷粉末、金属粉末。所不同的是材料粉末不是通过烧结连接起来的,而是通过喷头用粘结剂(如硅胶)将零件的截面"印刷"在材料粉末上面。如图 1.14 所示为 3DP 的技术原理。

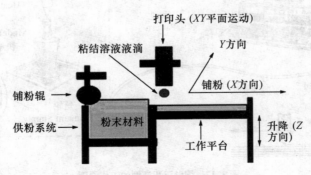

图 1.14　三维印刷(3DP)的技术原理

三维印刷的具体工艺过程如下:上一层粘结完毕后,成型缸下降一个距离(等于层厚: $0.013\sim0.1$ mm),供粉缸上升一高度,推出若干粉末,并被铺粉辊推到成型缸,铺平并被压实。喷头在计算机控制下,按下一建造截面的成型数据有选择地喷射粘结剂建造层面。铺粉辊铺粉时多余的粉末被集粉装置收集。如此周而复始地送粉、铺粉和喷射粘结剂,最终完成一个三维粉体的粘结。未被喷射粘结剂的地方为干粉,在成型过程中起支撑作用,且成型结束后,比较容易去除。

三维打印(3DP)优点:

(1) 成型速度快,成型材料价格低,适合做桌面型的快速成型设备。

(2) 在粘结剂中添加颜料,可以制作彩色原型,这是该工艺最具竞争力的特点之一。

(3) 成型过程不需要支撑,多余粉末的去除比较方便,特别适合于做内腔复杂的原型。

它的缺点是:强度较低,只能做概念型模型,而不能做功能性试验。

1.2.6 其他快速成型工艺

除以上五种方法外,其他许多快速成型方法也已经实用化,如实体自由成型(Solid Free-form Fabrication, SFF)、形状沉积制造(Shape Deposition Manufacturing, SDM)、实体磨削固化(Solid Ground Curing, SGC)、分割镶嵌(Tessellation)、数码累计成型(Digital Brick Laying, DBL)、三维焊接(Three Dimensional Welding, 3DW)、直接壳法(Direct Shell Production Casting, DSPC)、直接金属成型(Direct Metal Deposition, DMD)等快速成型工艺方法。

1.2.7 几种典型快速成型制造工艺的比较

图1.15列举了几种典型快速成型制造工艺使用的原料、成型方式。它们之间的比较如表1.1所示。

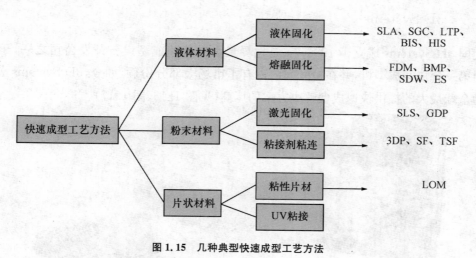

图1.15 几种典型快速成型工艺方法

表 1.1　几种典型的快速成型工艺比较

项　目	光固化成型 （SLA）	分层实体制造 （LOM）	选择性激光烧结 （SLS）	熔融沉积造型 （FDM）	三维打印 （3DP）
优点	（1）成型速度快，自动化程度高； （2）可成型任意复杂形状； （3）材料的利用率接近100%； （4）成型件强度高	（1）无需后固化处理； （2）无需支撑结构； （3）原材料价格便宜，成本低	（1）制造工艺简单，柔性度高； （2）材料选择范围大； （3）材料价格便宜，成本低； （4）材料利用率高，成型速度快	（1）成型材料种类多，成型件强度高； （2）精度高，表面质量好； （3）无公害，可在办公室环境下进行	（1）成型速度快； （2）成型设备便宜
缺点	（1）需要支撑结构； （2）成型过程发生物理和化学变化，容易翘曲变形； （3）原材料有污染； （4）需要固化处理，且不便进行	（1）不适宜做薄壁原型； （2）表面较粗糙，成型后需要打磨； （3）易吸潮膨胀； （4）共建强度差，缺少弹性； （5）材料浪费大，清理废料比较困难	（1）成型件的强度和精度较差； （2）能量消耗高； （3）后处理工艺复杂，样件的变形较大	（1）成型时间较长； （2）需要支撑； （3）沿成型轴垂直方向的强度比较弱	（1）一般需要后续固化； （2）精度相对较低
应用领域	复杂、高精度、艺术用途的精细件	实体大件	铸造件设计	塑料件外形和机构设计	应用范围广泛
国内用户	诺基亚中国研发、联想集团、华硕、吉列、安踏、伊顿、上海日用、友捷、耐克、阿迪达斯国内 OEM 厂家、清华大学、西安交通大学、南京理工大学、上海东华大学等				
常用材料	热固性光敏树脂等	纸、金属箔、塑料薄膜等	石蜡、塑料、金属、陶瓷粉末等	石蜡、塑料、低熔点金属等	各种材料粉末
设备费用	高昂	中等	高昂	低廉	高昂

1.3　世界主要快速成型供应商

1.3.1　3D Systems

　　美国 3D Systems 成立于 1986 年，是世界最大的快速成型设备开发公司之一，于 1986 年推出第一台快速成型机，并在短时间内占有了市场大部分份额，如今，3D Systems 公司已经成为全球最大的提供快速成型解决方案的厂商（见图 1.16、图 1.17）。

图 1.16　3D Systems 的 ZPrinter 850 RP 成型机

图 1.17　ZPrinter 打印出来的作品

其产品包括 SLA 快速成型系列的 iPro™ SLA® 与 Viper™ SLA®，SLS 快速成型系列的 sPro™、Sinterstation® HiQ™ 与 Sinterstation® Pro™等产品。

1.3.2 Helisys

美国 Helisys 公司的 Michael Feygin 于 1986 年研制出 LOM 工艺，该公司已推出 LOM-1050 和 LOM-2030 两种型号成型机（见图 1.18）。Helisys 公司研制出多种 LOM 工艺用的成型材料，可制造用金属薄板制作的成型件。该公司还与 DAYTON 大学合作开发基于陶瓷复合材料的 LOM 工艺。

图 1.18 LOM-2030 快速成型机外观

1.3.3 DTM

1986 年，美国 Texas 大学的研究生 C. Deckard 提出了选择性激光烧结（SLS）的思想，稍后组建了 DTM 公司，于 1992 年开发了基于 SLS 的商业快速成型系统。DTM 公司推出系列 Sinterstation 成型机及多种成型材料（见图 1.19）。其中 Somos 材料具有橡胶特性，耐热、抗化学腐蚀，用该材料制造出了汽车上的蛇形管、密封垫等柔性零件。

图 1.19 Sinterstation 2500 快速成型机

1.3.4 EOS

德国 EOS(Electro Optical System)公司成立于 1989 年,是世界著名的快速成型设备制造商和 e-制造方案提供商,EOS 公司的选择激光烧结快速成型设备在汽车零件、覆盖件和家用电器外壳的原型制造中得到广泛的应用。EOS 公司主要快速成型产品有 FORMIGA P、EOSINT P 等系列(见图 1.20)。

（a）FORMIGA P100 快速成型机　　　（b）EOSINT P390 快速成型机

图 1.20　EOS 公司快速成型机

1.3.5 Phenix Systems

Phenix Systems 公司位于法国,以金属 SLS 技术为主,产品系列包括 PXS、PXM 和 PXL(见图 1.21)。

（a）PXL 型快速成型机　　　（b）PXM 型快速成型机

图 1.21　Phenix Systems 公司快速成型机

1.3.6 Stratasys

美国 Stratasys 3D 打印机开发公司是由 Stratasys 和 Objet 两个公司合并而成。前者是一家在纳斯达克上市的美国公司,而 Objet 则是以色列一家私人企业。公司有两个总部,分别位于美国明尼苏达州伊登普雷里市和以色列雷霍沃特。

Stratasys 3D 打印机可采用 FDM 和 PolyJet 两种技术。FDM 技术以高可靠性和耐用的零件而闻名,可挤压出纹路精细的熔融热塑性塑料。PolyJet 技术采用喷墨式方法以细小液滴从液体光聚合物中制造零件,并利用紫外线使其立即固化,其特点为表面光滑、细致(见图 1.22)。

(a) fortus 900mc 快速成型机　　　　(b) Objet1000 Plus 型快速成型机

图 1.22　Stratasys 公司快速成型机

1.3.7 Z Corporation

美国的 Z Corporation 公司成立于 1994 年,最早由美国麻省理工学院(MIT)于 1993 年开发的三维打印成型技术(3DP™)奠定了 Z Corporation 原型制造过程的基础。目前,Z Corporation 是世界上速度最快三维成型机的开发商、制造商和营销商(见图 1.23)。

(a) ZPrinter 450 系列快速成型机　　　　(b) Spectrum Z510 快速成型机

图 1.23　Z Corporation 公司快速成型机

美国的 Z Corporation 与日本的 Riken Institute 研制出基于喷墨打印技术的、能制作出彩色原型件的 RP 设备(见图 1.24)。该系统采用 4 种不同的颜色,能产生 8 种不同的色调,原型件可表现出三维空间内的热应力分布情况,切割开原型即可发现原型内的温度和应力变化情况,这对于原型的有限元分析尤其实用。荷兰的 TNO 和德国的 BMT 也在研究 RP 彩色制造技术。

图 1.24   ZPrinter 打印制作的产品

1.3.8   DSM Somos

DSM Somos(帝斯曼速模师)一直是光固化立体成型(SLA)材料供应商的领先者。自 20 世纪 80 年代后期,就积极投身快速成型材料的开发工作(见图 1.25)。DSM Somos 开发出了适合不同应用的多种光敏树脂。比如,适合于有耐高温要求的树脂:Nanotool、ProtoTherm 12120;耐冲击性能优异的材料:DMX-SL100;高透明材料,其透光度与亚克力材料类似,如 WaterClear Ultra 10122、WaterShed XC 11122,制作的零件可以达到与玻璃零件类似的透光效果。

(a) WaterShed XC 11122 材料   (b) Nanotool 材料

图 1.25   DSM Somos 公司开发的树脂材料

1.3.9　北京隆源自动成型有限公司

北京隆源自动成型有限公司 1993 年开始研发 AFS 系列选区粉末烧结激光快速成型机并取得自主知识产权,1994 年正式投产和销售。该公司生产销售的 AFS 系列选区粉末烧结激光快速成型机被广泛应用于科研院校、航空航天、船舶兵器、汽车摩托车、家电玩具和医学模型等行业的设计试制部门。

目前公司主要的 AFS 系列产品有 AFS-320、AFS-360、AFS-500 等产品。

1.3.10　北京殷华激光快速成型与模具技术有限公司

北京殷华激光快速成型与模具技术有限公司是清华大学企业集团下属的高科技企业,主要从事快速成型系统,快速制模设备以及专用耗材的开发、生产和销售。公司联合上游的机械三维设计软件供应商和下游的真空注型、逆向工程设备厂商,为客户提供全面的产品开发、试制、小批量生产解决方案(见图 1.26)。

目前该公司主要产品有 FDM 工艺设备(MEM)系列、激光固化树脂 RP 设备(AURO-350)、分层实体制造 RP 设备(SSM)系列。

（a）MEM450 快速成型打印机　　　　　（b）AURO-350 快速成型打印机

图 1.26　北京殷华的快速成型打印机

1.4　快速成型技术的应用

目前,快速成型技术已在航空航天、工业造型、机械制造(汽车、摩托车)、军事、建筑、影视、家电、轻工、医学等领域得到了广泛应用。

1.4.1　在航空航天技术领域的应用

在航空航天领域中,空气动力学地面模拟实验(即风洞实验)是设计性能先进的天地往返系统(即航天飞机)所必不可少的重要环节。该试验中所用的模型形状复杂、精度要求高,又具有流线型特性,采用 RP 技术,根据 CAD 模型,由 RP 设备自动完成实体模型,能够很好地保证模型质量。

对航空、航天、国防、汽车等制造行业,其基础的核心部件大多是非对称的,具有不规则自由曲面或内部含有精细结构的复杂金属零件(如叶片、叶轮、进气管、发动机缸体、缸盖、排气管、油路等,见图 1.27、图 1.28),其模具制造过程难度非常大,因此迫切需要 RP 技术在快速制模方面发挥更大的优势。利用快速成型技术直接或间接制造铸造用消失模、消失模凹模、铸造模样、模板、铸型、型芯或型壳等,然后结合传统铸造工艺,快捷地制造金属零件。

图 1.27　Morris 公司应用 EOS 金属 3D 打印技术制作航空零件　　　　图 1.28　激光 3D 打印(前)及铸造的(后)空客机翼支架

1.4.2　在新产品造型设计过程中的应用

快速成型技术为工业产品的设计开发人员建立了一种崭新的产品开发模式。运用 RP 技术能够快速、直接、精确地将设计思想转化为具有一定功能的实物模型(样件)(见图 1.29)。这不仅缩短了开发周期,而且降低了开发费用,也使企业在激烈的市场竞争中占有先机。

图 1.29 兰博基尼跑车的 RP 打印模型

1.4.3 在机械制造领域的应用

由于 RP 技术自身的特点，使得其在机械制造领域内获得广泛的应用，多用于单件、小批量金属零件的制造。有些特殊复杂制件，由于只需单件生产或少于 50 件的小批量，一般均可用 RP 技术直接进行成型，成本低、周期短。图 1.30 是西北工业大学激光制造工程中心的工作人员正在展示用 RP 技术制造出的高性能金属零件。

图 1.30 运用 RP 技术制造出的高性能金属零件

1.4.4 在模具制造中的应用

目前的快速制模方法大致有间接制模法和金属直接制模法（见图 1.31）。常用的快速制模方法有软模、桥模和硬模。

• 软模（Soft Tooling）通常指的是硅橡胶模具。用 SLA、FDM、LOM 或 SLS 等技术制作的原型，再翻成硅橡胶模具后，向模中灌注双组份的聚氨酯，固化后即得到所需的零件。

• 桥模（Bridge Tooling）通常指的是可直接进行注塑生产的环氧树脂模具。采用环氧树脂模具与传统注塑模具相比，成本只有传统方法的几分之一，生产周期也大大减少。

• 硬模（Hard Tooling）通常指的是用间接方式制造金属模具和用快速成型直接加工金属模具。目前有用 SLA、FDM 和 SLS 方法加工出蜡或树脂模型，利用熔模铸造的生产金属零件;还有利用 SLS 方法,选择合适的造型材料,加工出可供浇铸的铸造型腔。

图 1.31　RP 技术制造的模具

2 快速成型数据处理

2.1 概述

前面介绍了快速成型是从零件的 CAD 模型或者其他数据模型开始,用分层处理软件将三维数据模型离散成截面数据,传输给快速成型系统的过程。快速成型数据处理流程如图 2.1 所示。

从 CAD 系统、反求工程、CT 或 MRI 获得几何数据以快速成型分层软件能接受的数据格式保存,分层软件通过对三维模型的工艺处理、STL 文件的处理、层片文件处理等生成各层扫描信息,然后以快速成型设备能接受的数据格式输出到相应的快速成型机。

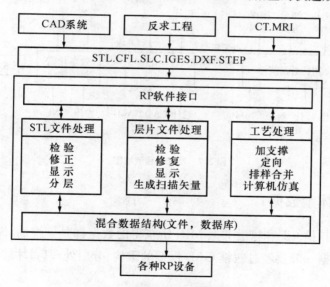

图 2.1　快速成型的数据处理流程

2.2 快速成型的数据来源

2.2.1 三维 CAD 模型

三维 CAD 模型是一种最重要,且应用最广泛的数据来源。它是由三维造型软件生成产品的三维 CAD 模型或实体模型,然后对实体模型或表面模型直接分层得到精确的截面轮廓。这属于正向工程范畴。

最常用的方法是将 CAD 实体模型先转换成三角网格模型(STL 文件,Stereo Lithography),然后分层得到加工路径。STL 格式是快速成型行业公认的标准文件格式。现在用的大多数 CAD 软件均带有 STL 文件的输出功能模块,且快速成型设备大多也是基于 STL 文件进行操作。

2.2.2　反求工程数据

这种数据利用反求工程(也称逆向工程)对已有零件进行数字化。

反求工程(Reverse Engineering, RE)是指用一定的测量手段对实物或模型进行测量,根据测量数据通过三维几何建模方法重构实物的 CAD 模型的过程,是一个从样品生成产品数字化信息模型,并在此基础上进行产品设计开发及生产的全过程(见图 2.2)。

这些测量数据点的处理方法有两种:一种是对数据点进行三角网格化,生成 STL 文件,然后进行分层数据处理;一种是对数据点直接进行分层数据处理。

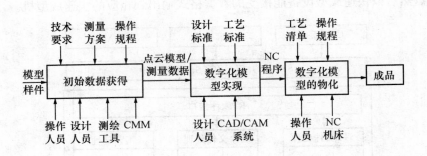

图 2.2　反求工程流程图

2.2.3　医学/体素数据

通过人体断层扫描 CT 和核磁共振 MRI 所获得的数据都是三维的,即物体内部和表面都有数据。这种数据一般要经过三维 CAD 模型的重构、分层处理后,才能进行成型加工。

2.3　快速成型的数据接口

2.3.1　三维网格模型格式

三维网格模型格式主要有 STL 格式和 CFL 格式。STL 格式是所有 RP 系统用的最多的数据转换格式。

三维网格模型就是用小三角网格去逼近自由曲面。STL 文件就是对 CAD 实体模型或曲面模型进行表面三角形网格化得到的(见图 2.3)。

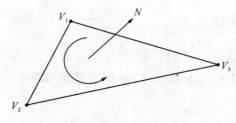

图 2.3　三角网格

STL 格式将 CAD 表面离散成三角形网格。不同精度下对应的三角形网格不同。每个三角形网格有 4 个数据项表示,即三角形的 3 个顶点坐标和三角形网格的外法线矢量。STL 文件的数据结构比较简单,并且与使用何种 CAD 系统无关。

值得注意的是,STL 文件只是无序地列出构成实体表面的所有的三角形的几何信息,不包含三角形之间的拓扑邻接信息。但实际上,在许多基于 STL 的应用系统中,建立三角网格之间的拓扑邻接关系非常重要。

STL 文件格式的优点如下:

(1) 数据格式简单,分层处理方便,与具体的 CAD 系统无关;

(2) 与原 CAD 模型的相似度极高;

(3) 具有三维几何信息,模型用三角网格表示,三角网格可直接作为有限元分析的网格;

(4) 为几何所有的 RP 设备所接受,已成为行业公认的 RP 数据转换标准。

STL 文件格式的缺点如下:

(1) 只是三维模型的近似描述,有一定的精度损失;

(2) 不包含 CAD 拓扑关系;

(3) 文件含有大量冗余的数据;

(4) 模型容易产生重叠面、孔洞、法向量和交叉面等错误和缺陷;

(5) 必须经过分层处理;

(6) 如果要提高模型精度,必须重新生成模型。

2.3.2　CAD 三维数据格式

有实体模型格式 IGES 和表面模型格式 DXF 两种。它们和 STL 文件相比,能精确表示 CAD 模型,且大多数 CAD 系统支持。但是有以下几点要注意:

(1) 转换数据时定义的数据会部分丢失,不能完全精确地转换数据;

(2) 两个零件的信息不能放在同一个文件里;

(3) 产生的数据量太大,对计算机处理速度要求较高;

(4) 必须经过分层;

（5）难以自动添加模型的支撑。

2.3.3　二维层片数据格式

该数据格式包括 CLI、SLC。它们只是 STL 文件的补充，是一种中性的文件，与 RP 设备和工艺无关。它们的出现使三维模型与 RP 设备之间的联系更多样化，对反求工程和 RP 技术的集成具有重要意义。

与 STL 文件相比，其优点为：

（1）大大降低了文件数据量；

（2）可以直接在 CAD 系统内分层，使得模型精度大大提高；

（3）省略了 STL 分层，降低了 RP 系统的前处理时间；

（4）因为是二维文件，错误较少，不需要复杂的检验和修复程序；

（5）可从某些反求工程 CT、MRI 中得到。

它的缺点为：

（1）不宜添加支撑；

（2）零件无法重新定位、无法旋转；

（3）对设计者要求更高，因为加支撑、选择最优的成型方向均要在分层之前在 CAD 系统内由设计者完成；

（4）分层厚度固定，对某些 RP 系统不太合适。

3 实验所用快速成型设备简介

3.1 SD300 3D 打印机简介

3.1.1 SD300 3D 打印机系统结构

SD300 型 3D 打印机是由以色列 Solido 公司研发和生产。Solido 公司成立于 2000 年,其独特的覆膜切割技术使其研发出采用 PVC 薄膜为原材料的三维打印机,已销售给欧美及亚洲 16 个国家的众多用户,深受好评。

SD300 型 3D 打印机采用分层实体制造(LOM)工艺,将三维的 CAD 设计文档导入 SD View 软件中,切割刀根据每个横切面的数据,在一层层的 PVC 薄膜上进行切割,并依次进行堆叠成型出各种三维实体模型。

SD300 3D 打印机基本结构如图 3.1 所示,主要由传动机构、升降机构、刻刀以及粘胶、解胶机构组成。整个打印机在传感器监控下工作,对系统状态及时诊断,SD300 3D 打印机与另外一种 LOM 打印机(HRP-ⅢA 系统)不同的是切割工具为刻刀,材料为 PVC 片材。

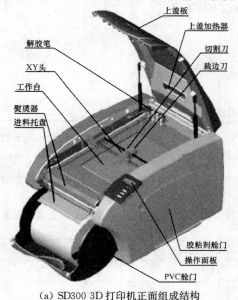

(a) SD300 3D 打印机正面组成结构　　　　(b) SD300 3D 打印机背面组成结构

图 3.1　SD300 3D 打印机系统结构原理图

3.1.2　SD300 3D 打印机基本工作原理

SD300 3D 打印机的工作原理(见图 3.2)为:

(1) 首先,将三维的 CAD 设计文档导入附带的 SDview 软件中。

(2) 由进料装置铺上一层 PVC 片材,并涂覆胶水(即"覆膜"的动作),切割刀根据每个横切面的数据,在 PVC 薄膜上进行切割,同时在非样件本体区域涂覆解胶水。

(3) 进料机构再次覆盖新的 PVC 层,并重复切割、涂覆解胶水等步骤,层层叠加,直到加工完成。

(4) SD300 没有收料装置,所有 PVC 层加工完毕后,将非本体材料剥除即可得到最终样件。

(a) 导入三维图到 SDview 软件中

(b) 打印机开始工作

(c) 剥除非本体材料

(d) 得到最终的样件

图 3.2　SD300 打印机工作原理

3.1.3　SD300 3D 打印机主要性能参数

SD300 3D 打印机的主要性能参数如表 3.1 所示。

表 3.1　SD300 3D 打印机主要性能参数

性　　能	参　　数
外形尺寸(mm×mm×mm)	460×770×430
最大成型空间(mm×mm×mm)	160×210×135
成型精度(mm)	±0.25
层厚度(mm)	0.168
成型材料	PVC 片材
切割速度	2～3 层/min(平均 1～2 in/h)
系统重量(kg)	44
数据接口	STL 格式数据文件
输入方式	网络或 U 盘
电源	220 V, 50 Hz, 15 A

3.1.4　SD300 3D 打印机的应用实例

用 SD300 打印出 ISCAR 公司(世界最大的金属切削刀具生产厂家之一)的放大的刀具模型,供客户了解其内部构造和工作原理。这些模型不但外形仿真,还可以实现每个活动件的操作(见图 3.3)。

图 3.3　用 SD300 打印的 ISCAR 公司的放大的刀具模型

图 3.4 是用 SD300 打印的塑料卡扣。这是德国 Encee 公司为客户做设计验证的一个模型。这个打印的塑料卡扣无论是精密度、材料强度和材料韧性都符合要求,并被用来演示卡扣铰链的开合、卡扣的锁位和咬合强度,连扣上的"咔嗒"声都能逼近真实物件。

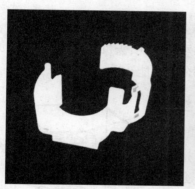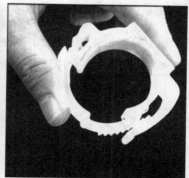

图 3.4　用 SD300 打印的 Encee 公司的塑料卡扣模型

3.2　熔融沉积打印机简介

熔融沉积成型(Fused Deposition Modeling)是一种不依靠激光作为成型能源而将各种丝材(如工程塑料 ABS、聚碳酸酯 PC 等)加热熔化进而堆积成型的方法,简称 FDM。

现以 LC3DP4-500B 型桌面式 FDM 快速成型打印机为例,简要介绍 FDM 打印机的结构、工作原理、主要技术参数及注意事项。

LC3DP4-500B 型桌面式打印机是南京工程学院 3D 打印机研发团队设计与制作出的一款桌面级 FDM 型 3D 打印机。机器外观如图 3.5 所示。

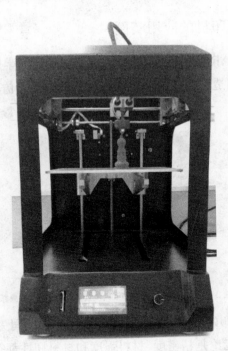

图 3.5　LC3DP4-500B 型 FDM 快速成型打印机

3.2.1　打印机系统结构

LC3DP4-500B 型打印机主要由前面板、运动机构、喷头机构、送丝机构和加热系统几大部分组成（见图 3.6）。下面分别介绍这几个部分的功能。

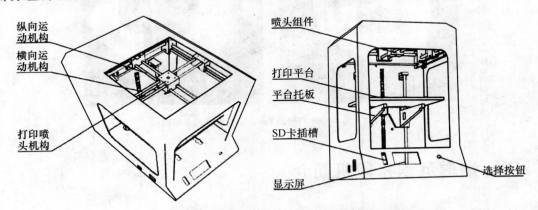

图 3.6　LC3DP4-500B 型 FDM 快速成型打印机设备外观结构

1）设备外观结构

设备的前面板主要包括 SD 卡插槽、液晶显示的人机界面、菜单选择旋钮等，机器的左侧是与 PC 机相连的数据线接口以及电源开关。

打印平台底端有四颗带弹簧的螺钉，用于调平打印平台并保留与喷嘴合适的间隙。平台调平对于打印模型的质量起到至关重要的作用。

2) 运动机构

打印机的运动机构主要包括 X(纵向)、Y(横向)、Z 方向的运动。X、Y 方向的运动机构是十字滑台,可以打印具有一定高度的模型。十字滑台安装在机器壳体的内壁上,可以减轻电机的载荷。喷头在 X、Y 方向的运动由步进电机带动(图 3.9),通过同步带传动,分别在各自方向上做往复运动。在成型过程中根据程序控制的路径决定喷头的运动,工作台在 Z 轴的运动由步进电机带动丝杠传动做往复运动,垂直运动方向的光轴起导向作用。

每个运动方向都有限位开关作为安全保护装置(见图 3.7)。X 轴及 Y 轴限位开关采用光电接近开关,Z 轴限位开关采用机械式限位开关。限位开关的工作原理是当打印平台运动到每个方向的极限位置时,限位开关的指示灯亮起,将信号传给控制器,使相应轴的电机停止。

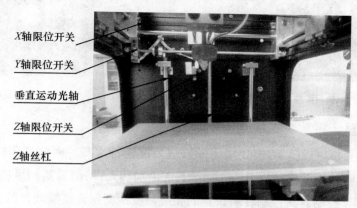

X轴限位开关
Y轴限位开关
垂直运动光轴
Z轴限位开关
Z轴丝杠

图 3.7 LC3DP4-500B 型 FDM 快速成型打印机内部结构

3) 喷头机构

打印机用来吐丝的机构称为喷头,主要是将融化在喷头内部的丝材挤压出来。喷头机构主要有导料喉管、黄铜喷嘴以及加热棒和 100 K 的测温电阻组成。丝材被加热到半熔融状态,然后被后面的冷丝挤压出来,冷却后凝固,堆积,形成一定的截面形状。黄铜喷嘴上端有一段导料喉管用于导入所需的热熔丝以及与 X 轴、Y 轴传动滑块机构相连(见图 3.8)。

导料喉管
加热喷头
黄铜喷嘴

图 3.8 喷头机构

导料喉管只支持 1.75 mm 直径的挤出丝,喷嘴直径有 0.3 mm、0.4 mm、0.5 mm 三种规格可选。

4）送丝机构

该机构由送料电机和控制模块构成(见图 3.9),储料盘中的丝材(见图 3.10)通过电机的传动齿轮向喷头送丝,送丝的速度和平稳性是造成断丝和喷头堵塞的关键因素。机器背部除了送料电机,还包括 X 轴电机、Y 轴电机和控制电路板(见图 3.10)。

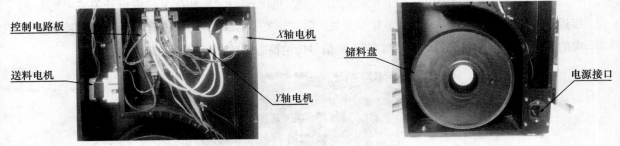

图 3.9　电机与硬件电路　　　　　　　　　　图 3.10　储料盘与电源接口

5）加热系统

丝材通过喷头挤压成型后,需要一定的环境温度进行冷却。因此打印机成型室需要保持恒温。这就需要加热系统参与工作。加热系统由加热元件、测温器和风扇组成,加热元件由控制器通过 PID 控制算法控制在所设置的相应温度从而保证喷嘴吐丝的流畅。风扇的工作可以加快被吐出的熔料快速冷却成型,从而避免模型的变形。

3.2.2　打印机基本工作原理

加热喷头在计算机的控制下,根据产品零件的截面轮廓信息,做 X—Y 平面运动,热塑性丝状材料,如尼龙、PLA、ABS 等,由供丝机构送至热熔喷头,并在喷头中加热和熔融成半液态,然后被挤压出来,有选择性地涂覆在制作面板上,快速冷却后形成一层对应设置层高的薄片轮廓。一层截面成型完成后工作台下降一定高度,再进行下一层的熔覆,好像一层层"画出"截面轮廓。如此往复,最终形成三维模型。

每一层都是在上一层上堆积而成,上一层对当前层起到定位和支撑的作用。随着高度的增加,层片轮廓的面积和形状都会发生变化,当形状发生较大的变化时,上层轮廓就不能给当前层提供充分的定位和支撑作用,这就需要设计一些辅助结构(称之为支撑),从而对后续层提供定位和支撑,以保证成型过程的顺利实现。

FDM 3D 打印机工艺的关键是保持半流动成型材料刚好在熔点之上(通常控制在比熔点高 1 ℃左右)。FDM 喷头受 CAD 分层数据控制使半流动状态的熔丝材料(丝材直径一般在 1.5 mm 以上)从喷头中挤压出来,凝固形成轮廓状的薄层。每层厚度范围 0.025～0.726 mm,一层叠一层,最后形成整个零件模型。此种工艺应用范围较广。

FDM 技术同其他成型技术相比有其固有的优缺点。FDM 的优点：系统构造原理和操作简单、维护成本低、系统运行安全、支撑去除简单、成型精度高、打印模型硬度好、多种颜色。FDM 的缺点：成型物体表面粗糙。

3.2.3　打印机主要性能参数

LC3DP4-500B 型打印机主要性能参数见表 3.2 所示。

表 3.2　LC3DP4-500B 型打印机主要性能参数

性　能	参　数
外形尺寸(mm×mm×mm)	400×360×450
最大成型空间(mm×mm×mm)	240×180×170
成型精度(mm)	0.01
层厚度(mm)	0.05
成型材料	PLA
切割速度(mm/s)	60
系统重量(kg)	12.2
数据接口	USB2.0
输入方式	G Code
电源	220 VAC

3.2.4　打印机的应用实例

图 3.11 为 LC3DP4-500B 型桌面式快速成型打印机的实物展示。

图 3.11　LC3DP4-500B 型桌面式快速成型打印机实物展示

4 SD300 3D 打印机基本操作

4.1 建模操作步骤

使用 SD300 3D 打印机进行模型创建需要遵循以下七个基本步骤：

(1) 使用任何兼容三维 CAD 或三维动画软件或用三维数字化仪扫描对象的方法（反求工程）创建三维模型。

(2) 将模型以 STL 格式文件保存或导出。

(3) 打开 SDview 软件。

(4) 将 STL 文件保存的模型导入到 SDview 工作区虚拟平台中。

(5) 按要求在虚拟平台中进行模型制作，并对其进行必要的添加或变更，如剥层开口或剖切。

(6) 从工具栏中，选择"建模"按钮（或在文件菜单中选择—"建模"‖），显示创建模型对话框；选择所需选项，并将模型发送到 SD300 打印机，进行建模加工。

(7) 从 SD300 打印机中取出模型，并将其多余材料除去。

4.2 建模前的准备工作

(1) 始终保持建模舱内无任何障碍物，如工具、已建成的模型、胶粘剂容器、残余材料、任何主体部件、盖罩等。

(2) 查看建模平台上的磁垫是否洁净、是否放置在正确位置。

为了正确插入磁垫，将磁垫边缘与工作台前缘对齐。

(3) 查看耗材部件（即胶水或解胶粘剂）是否安装到位。

(4) 查看 3 个解胶笔是否已安装到位。

如果第一次使用 SD300 3D 打印机，或者要创建一个较大的模型，为了确保正确操作打印机，可以使用操作面板菜单命令中的"创建测试模型"选项。

Note：胶水盒中的胶水、解胶粘剂以及 Solid VC 耗材均为配套使用。在未替换胶水盒和解胶盒时，不要替换 SolidVC 材料卷，否则将导致模型打印时，缺少胶粘剂或防胶粘剂的情况发生（见图 4.1）。

图 4.1　磁垫与工作台前缘对齐

4.3　SDview 软件基本操作

4.3.1　打开和关闭 SDview

1）打开 SDview

单击"启动",从程序中单击"SDview"或从桌面上单击 SDview 快捷键

打开 SDview 主窗口,显示主工作区（见图 4.2）。

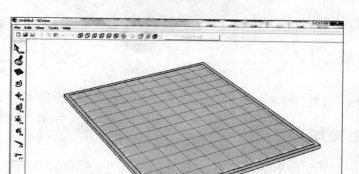

图 4.2　SDview 主窗口显示工作区和虚拟打印平台

2）关闭 SDview

可通过单击主窗口,或从菜单栏单击"文件>退出"。

3）SDview 工作区

显示在主窗口中的工作区是打印制作模型的区域。主窗口显示工具和命令,可以完成以下功能:

(1) 在虚拟平台中定位模型;

(2) 改变模型的相对位置;

(3) 按比例缩放模型;

(4) 旋转模型;

(5) 将模型面对齐平台;

(6) 设置剥层开口;

(7) 切剖模型。

4）虚拟打印平台

虚拟打印平台是工作区表面,在该区域您可以对模型进行定位、编辑、剖切、按比例制作和添加剥层开口,并将其发送给 SD300Pro 进行打印。图 4.3 就是 SDview 的虚拟打印平台。

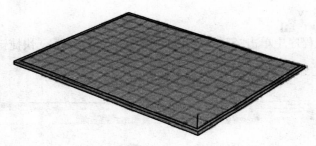

图 4.3　虚拟打印平台

打开 SDview 工作区,虚拟打印平台显示其最近一次配置的状态(且自动保存)。

4.3.2　创建工作进程

SDview 中使用的文件类型为 STL 或 SDM。SDM 是 Solido 3D 的专有格式。STL 是广泛应用于 CAD 应用程序中的三维物件标准格式。SDview 可对两种格式进行编辑,但只能以 SDM 格式保存。文件菜单中设有以 STL 格式导出文件的功能(见图 4.4)。

SDview 打开一个 STL 文件时,它将通过查看 STL 文件中所包含的模型尺寸的方式自动检查创建物体所使用的测量单位。即使在文件格式范围内未保存测量单位,该功能也有效。

在一些情况下,你可能需要 SDview 按照特定单位打开 STL 文件。这一点可在打开文件前,先选择 STL 单位(mm)。在“打开”对话框的底部,显示有测量单位选项。

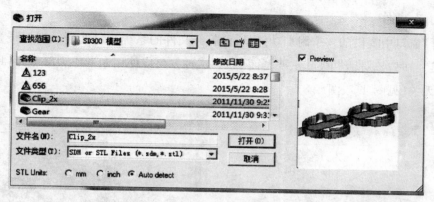

图 4.4　选择 STL 文件测量单位的选项显示在打开对话框的底部

　　SDview 应用程序只能打开 SDM 或 STL 格式的文件。打开其他格式的文件时，系统将生成如图 4.5 所示的错误信息。

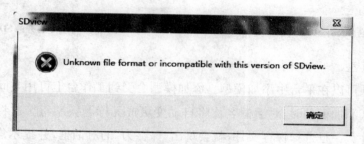

图 4.5　未知格式错误信息

　　如果文件参数错误，将对文件进行处理并显示如图 4.6 所示的信息。

图 4.6　源文件包含错误信息

4.3.3　文件菜单

　　使用"保存为"或"导出"功能，工作进程可创建一个新文件，编辑当前文件或复制当前文件。

　　文件管理符合 WINDOWS 规范，首次保存新建文件时应单击"保存为"。可通过浏览，打开文件，并将其放置于保存该文件的最终位置，同时，单击"保存为"可以复制文件（例如，在不丢失原文件的情况下进行试用）。访问当前文档的步骤也符合 WINDOWS 规范：

1）打开文件

"打开"窗口中提供的一个附加功能是：已打开文件的系统测量选项。当打开 STL 文件（毫米或英寸）时，该对话框极其重要。而 SDM 文件仅可以使用毫米作为单位，因此，该对话框与它们无关（见图 4.7、图 4.8）。

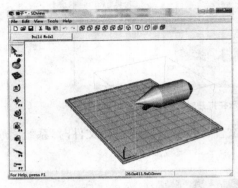
图 4.7 平台中打开的 STL 文件

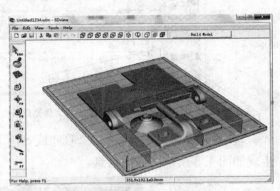
图 4.8 平台中打开的 SDM 文件

2）添加模型

单击该选项可以在平台中添加模型。添加模型会受到工作台上可用空间的限制。

当向工作区添加模型时，对话框名称将自动变更成无标题模型组。这将防止您无意中覆盖之前的文件。一旦选择保存文件，就会跳出"保存为"的对话框，并提示您以新文件名保存文件。

3）添加多个模型

使用 SDview，您可以向工作区添加多个模型。SDview 可将打印平台中的所有模型都放置于最佳位置。当然，您也可以在打印平台上使用移动功能调整模型位置。

当平台中无可用空间而您又需要添加模型时，则 SDview 会将该模型置于平台范围之外。需要注意的是：

（1）应将安置在平台外部的模型移至平台极限范围内，然后进行打印或将其保存在另一文件中。

（2）与打印平台不匹配的模型应从工作区中移出，然后应按照比例缩小该模型，对其进行重新放置或剖切，并在打印前，将之置于平台极限范围内。

4）从工作进程中导出模型

如果您需要以 SDview 的先前版本或以 STL 文件格式打开已保存的文件，那么在保存文件时您必须使用"导出"命令。使用这种方法，您可以将文件保存为：

（1）SDview Version 1 x，以 SDview 1.0/1.1/1.2 支持的格式保存模型。

（2）*.STL，工业标准立体平板印刷术文件。

为了从当前工作进程中导出模型：从菜单栏中点击"文件＞导出"，选择所需的格式。弹出"保存为"对话框。在文件名文本框中输入名称后,单击"保存",导出的模型即以设定格式保存在硬盘中。

4.3.4　编辑菜单

图 4.9 是 SDview 的编辑下拉菜单,里面的各种功能基本都是常见编辑操作,包括剪切、复制、粘贴和删除等命令。

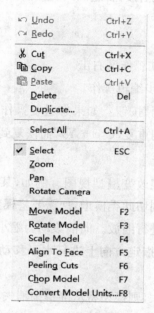

↶ Undo	Ctrl+Z
↷ Redo	Ctrl+Y
✂ Cut	Ctrl+X
📋 Copy	Ctrl+C
📋 Paste	Ctrl+V
Delete	Del
Duplicate...	
Select All	Ctrl+A
✓ Select	ESC
Zoom	
Pan	
Rotate Camera	
Move Model	F2
Rotate Model	F3
Scale Model	F4
Align To Face	F5
Peeling Cuts	F6
Chop Model	F7
Convert Model Units...	F8

图 4.9　编辑菜单下拉菜单

1) 一个或多个模型的选择

只有在模型被选中时,模型的移动、旋转、水平移动、缩放等功能才可用。

(1) 选择一个模型

选择箭头图标,将光标移至模型并单击,所选模型的颜色即发生变化。

(2) 在工作区中选择多个或所有模型

如果工作区中有多个模型,且您想将所有模型进行整体移动,可以使用编辑菜单中命令选择所有(Ctrl+A)或按住 Shift 键,然后逐个单击模型直到将所有模型选中的方式,来选择所有模型。

只要按下 Shift 键,每次单击都将把一个模型添加到选中模型列表中。所有选中模型的颜色都与未选中的模型不同。

有 2 个以上模型的工作区中,如果选中两个模型并使用移动功能,则只有这两个模型会被移动。

按住 Ctrl 按钮,也可执行选择操作。只要按下了 Ctrl 按钮,就可以继续将模型添加到所选列表中。

2）剪切、复制、粘贴和删除

这些功能与所有 WINDOWS 应用程序中的都一样。以命令方式分别将它们列于编辑菜单中，也可用常规 WINDOWS 快捷键如 Ctrl＋X、Ctrl＋C、Ctrl＋V 和删除按钮执行相关操作。

3）取消和重复编辑命令

在模型制作过程中，可使用取消按钮，返回到所需阶段。为了返回到已完成的上一步编辑状态，可执行以下操作：

- 单击"编辑"。
- 选择"取消(Ctrl＋Z)"或在工作区右击。
- 选择"取消"，恢复到上一步编辑操作。

注意：可根据需要，点击"取消"按钮。如果您重复操作某一步骤，则您可在选择"取消"按钮的相同位置通过单击"恢复到重复(Ctrl＋Y)"而恢复到该步。

4）缩放、水平移动和旋转

编辑工作中，可使用这些功能改变模型视图。例如，某一模型在原始位置呈倾斜状，因而无法对准您的切剖线时，为了剖切此类模型，您需要将模型翻转成正对着你。

- 用向前或向后滚动鼠标进行缩放。向前滚动为缩小，向后滚动为放大。
- 按住鼠标右键，将之拖到指定方向上进行水平移动。按住鼠标中间按钮，将鼠标拖至指定方向上进行旋转。

注意：如果模型放大倍数太大，则模型将从屏幕中消失。可通过按住一个视图按钮恢复模型。

（1）水平移动

水平移动是指在工作区沿着任一轴水平移动摄像机。结果是将工作区移到与水平移动光标活动相对应的位置上。左侧工具栏中的四头箭头图标即水平移动工具。选择水平移动功能，将鼠标指针变成相同的四头箭头图标。可通过以下操作打开水平移动工具：

- 从左侧工具栏中选择水平移动图标（四头箭头图标）
- 在上标尺的编辑菜单中，从摄像机部分选择水平移动。
- 当鼠标在工作台上时，用鼠标右键打开的编辑菜单中选择水平移动工具。

通过以下操作，可沿着工作区任一轴水平移动摄像机视图：

- 用任一可行方法选择水平移动功能。
- 光标变成一个四头十字架。
- 将光标置于工作区内。
- 单击并沿着所选轴拖动光标，以获取所需视图。
- 释放鼠标，工作区视图则固定在所需位置上。

（2）旋转摄像机

凭借旋转摄像机工具可在所有方向上进行旋转，无任何角度限制。鼠标显示一个摄像机 54 的图样。使用三按钮鼠标时，当光标出现在模型上时，可用中间按钮操作该功能。

4.3.5　移动模型

1）**移动模型**（见图 4.10）

为了能在工作区周围移动模型，从左侧工具栏中选择移动工具。光标变成一个指向各个方向的带四个箭头的方块。

（1）单击工作区内所选模型，将模型拖放到平台上的任意所需位置。

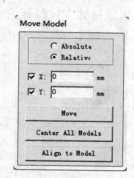

图 4.10　用绝对或相对定位来移动模型

从移动工具中选择"绝对"或"相对"。

（2）输入在 X 轴和 Y 轴上移动模型的距离，单击"移动"。

沿着相对于平台原点位置的任一或所有 X 轴及 Y 轴方向移动模型（使用绝对单位）。在工作区平台中，沿着相对于其当前位置的方向移动模型（使用相对单位）。每条轴都有一个不同值。

2）**整体移动多个模型**

（1）选择移动工具。

（2）按住 Shift 键的同时。选择您要移动的模型。

（3）继续按住 Shift 键，拖动模型，将模型置于所需位置后释放鼠标按钮。

3）**对齐模型**

凭借移动功能，您可将工作区上的两个或更多模型沿着 X 轴或 Y 轴对齐，命令顺序如下：

（1）选择模型。

（2）选择 X 轴或 Y 轴。

（3）按住另一模型（将提示您这样做）。

（4）第一个模型将与第二个选中模型对齐。

将模型移到平台上的新位置。已移动模型的新位置将在 X、Y 轴的坐标框中反映出来。

4) 使所有模型居中

将工作台上的所有模型居中。

4.3.6　旋转模型

旋转时,首先应将对象与平台表面对齐。旋转模型工具可在 X、Y、Z 轴上进行旋转,从而改变模型角度。可通过以下方式打开工具:

(1) 从左侧工具栏中选择旋转模型图标(F3)。

(2) 从上标尺的编辑菜单中,在摄像机部分中选择旋转。

(3) 当鼠标在平台上时,可用右击鼠标的方式打开编辑菜单来打开旋转模型工具。

当工具被选中时,光标则变成一个有箭头环绕的方块。弹出如图 4.11 所示以下窗口。

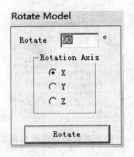

图 4.11　旋转模型面板

使用该面板,可选择旋转轴及旋转度。例如:选择 Y 轴和 $10°$ 即为沿着 Y 轴旋转 $10°$。再次按住该按钮,则可再旋转 $10°$。使用该按钮的次数,可随意设定。也可以使用鼠标进行旋转。但用鼠标只能沿着 Z 轴向左或向右变换角度。而其他两条轴则只能通过工具面板激活。

在选择 X 轴或 Y 轴并按住平台中旋转按钮时,将弹出以下警告:

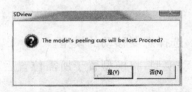

图 4.12　关于剥层开口的警告

由于只有在没有任何剥层开口情况下,方能激活 Y 轴和 X 轴旋转,因此在将光标放于带有剥层开口模型上,并试着将之交互旋转时,只能激活 Z 轴。

4.3.7 比例缩放模型

在 X、Y 或 Z 轴方向或所有方向上以特定比例放大或缩小模型,从而实现您在工作区中对模型的比例缩放。可在"比例缩放模型"对话框中设定缩放模型的比例。在"比例缩放模型"对话框中,您也可以进行设定从而在各个方向上以相同比例缩放模型(见图 4.13)。

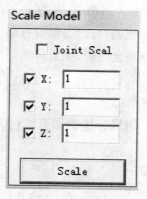

图 4.13 缩放比例面板

使用缩放比例功能时已经设定了可能达到的对象尺寸的上下限范围。放大时,限值为 10 m;缩小时,限值为 10 μm。

限值是用来防止比例缩放操作过程中出现例外情况,并且与打印限制或原始对象尺寸(导入时)无直接关系。如果超出限值,则将弹出如图 4.14 所示信息。

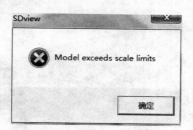

图 4.14 关于超出限值的错误信息

操作时,按照与其当前尺寸成比例的方式输入数值,以放大和缩小模型。例如,为了将模型缩小为当前尺寸的一半,必须在各比例缩放模型轴编辑栏中输入 0.5。为了将模型尺寸放大为当前尺寸的 2 倍,则需要在各比例缩放模型轴编辑栏中输入 2。

具体的操作步骤如下:

(1) 在工作区中选择模型。

(2) 从编辑菜单中单击"比例缩放模型"或从左侧功能栏中选择"比例缩放工具"。弹出比例缩放模型对话框。鼠标指针变成一个由虚线框界定的方块。

(3) 选择同比例缩放,对所需模型在各个方向上以同比例进行缩放。

(4) 在任一编辑框中输入一个值,以显示尺寸放大或缩小倍数。

（5）沿着该轴,清空轴复选框,以保持当前尺寸。

（6）单击"比例缩放"按钮,模型即放大到指定尺寸。

4.3.8　面对齐

使用该功能,可以将模型的一个侧面与平台底板对齐。这种对齐也就意味着:建模过程中,这个侧面将比模型的任何一个侧面都光滑,因为这个表面是用一整块薄板制成,而其他面则由需要进行切割的剥层薄板制成的,自然也就没有那么光滑了。

当模型的某一特定侧面比该侧面光滑时,则应将其与工作台底板对齐,或作为模型上侧面与之平行。具体操作如下:

（1）从左侧工具栏选择面对齐图标。

（2）在工作区单击所选模型。用鼠标拖动您想要对齐的模型侧面,并单击。模型将以您要求的方式对齐。

4.3.9　剥层开口

建模完成后,需要设置剥层开口来指明从模型上削去多余材料的位置。通过设置剥层开口,可以轻易将多余材料去除。

由于大量编辑功能只在将剥层开口去除后方能使用,因此,建议在插入剥层开口前,进行所有旋转、比例缩放、移动或对齐操作。同时,建议在插入剥层开口前,保存所有这些变更（见图 4.15）。

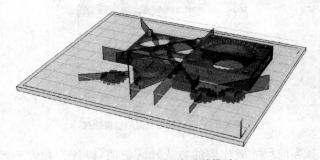

图 4.15　显示剥层开口的模型

1）插入剥层开口

为了制作剥层开口以便更容易地去除残余材料,操作步骤如下:

（1）选择平台上的模型。

（2）从功能栏中单击"剥层开口"按钮,光标即变成一把小刀。

（3）为了在工作框上进行模型切割,可将光标置于您要切割的起始点上,单击一次,开始切割。

（4）在模型工作框或另一剥层开口上,将光标移动到您要切割的终点上,再次单击,完成剥层开口制作。

(5) 在开口末端上双击,为切割创建转向处,以继续在另一个方向上进行相同操作。

(6) 按下 Shift 按钮,沿着 X 或 Y 轴拖动剥层开口,以创建直线开口。

根据需要,可以用鼠标延长和/或移动剥层开口。

2) 删除剥层开口

为了删除剥层开口,您需要:

(1) 从功能栏中单击"选择"按钮,光标变成一个箭头。

(2) 选择所需的剥层开口(接触剥层开口主体而非其边缘)。剥层开口上显示的颜色发生变化。

(3) 从编辑菜单中单击"删除"。

也可在工作区中单击右鼠标按钮弹出的菜单中找到删除功能,或通过使用键盘上的删除按钮实现删除功能。

3) 变更现有剥层开口

为了对模型的现有剥层开口进行变更:

(1) 选中"选择"工具,光标变成一个箭头。

(2) 将光标置于您需要移动的剥层开口边缘上,直到显示出粗色线为止。从俯视图或仰视图观察时,在将光标置于剥层开口末端时,弹出一个红色矩形框。

(3) 单击选择剥层开口边缘,默认颜色为红色。

(4) 将剥层开口边缘移至所需位置上。

(5) 为了在与 X 或 Y 轴平行的位置上捕捉剥层开口,可按下 Shift 键,沿着 X 或 Y 轴拖动剥层开口,按您的需求进行开口延长或缩短。

(6) 再次单击,完成剥层开口位置变更设置。

4) 捕捉功能

添加或编辑剥层开口时,则所选边缘将随着光标靠近自动捕捉到工作框和/或另一剥层开口上。当捕捉功能生效时,边缘显示为紫色。

5) 调整多个剥层开口的高度尺寸

使用该选项,可对相同高度尺寸的多个剥层开口进行高度调整,也可对相同高度(Z 轴)的多个剥层开口边缘同时进行向上或向下移动。

(1) 选择剥层开口(用 Ctrl 按钮)。

(2) 在按下 Ctrl 按钮的同时,将选中剥层开口的任意边缘拖至新高度位置,这时所有选中剥层开口则被同时调整到该高度。

6) 将剥层开口一分为二

SDview 软件具有将一个剥层开口分成 2 个或更多部分的功能。使用选择工具,用户可将光标置于剥层开口顶部或底部边缘的任意一点上,选择该点,按下 Alt 按钮,将该点拖动到新位置上。

7）移动剥层开口

可按照移动模型的方式移动剥层开口。从俯视图、仰视图或透视图中选择剥层开口。选择完成后，用移动工具即可移动开口。

4.3.10　剖切

剖切可使特定模型的打印过程更简单或更高效。例如，球面可用实心方式打印出来。也可将模型剖切为两半并用剥层开口将内部材料去除的方式打印出来。打印完成后，再将球面的两半用胶粘在一起，这样即构成了一个空心球面。

您可以根据需要将模型剖切成几个部分，然后在打印（建模）完成和去除各部分多余材料后，将它们手工胶粘起来。为了打印多个部分（在对象被剖切的情况下），应将所有部分放置于打印平台表面上。

借助剖切功能可以取出所有先前制作的剥层开口（见图 4.16）。

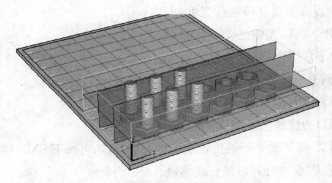

图 4.16　带剖切标识的模型

模型剖切具体操作步骤如下（见图 4.17）：

（1）选择待剖切对象。

（2）从左侧工具栏中单击剖切模型按钮。弹出剖切对话框，鼠标光标显示为一把小斧。

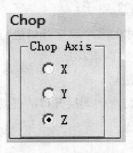

图 4.17　剖切面板

（3）选择剖切方向：X、Y 或 Z 轴。

（4）将光标置于剖切模型的起始点上。当光标接触到模型工作框的周边（显示与否）时，即弹出一个剖切标识。

（5）在所需水平面上将模型剖切为两部分。

（6）当鼠标光标接近于工作框中部时，光标将被准确地捕捉到模型的中间位置，且剖切平面框架颜色变成紫色。

4.3.11 视图菜单：工作区和模型查看

在工作区可用多个视图帮助进行模型操作。它可为您显示较多或较少详情、不同角度及本对话框中重要信息等。在视图菜单或顶部工具栏按钮的各个命令栏中，可以选用查看功能。

1）平台和模型组件

SDview 工作区可显示多个平台和模型组件，如图 4.18 所示。这些组件包括：平台框、平台网格、平台、平台标尺、模型边界框和模型工作框。表 4.1 给出了各项的详细描述。使用平台中的项目列表和视图菜单中模型下拉菜单，可打开或关闭这些内容。

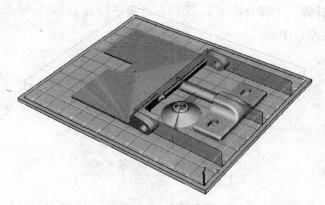

图 4.18 平台和模型组件

表 4.1 平台和模型组件描述

视图菜单项	命 令	描 述
平台	显示平台	选中时，显示虚拟打印平台
	显示平台框	在虚拟平台上方显示一个指示打印（建模）区限值的框体
	显示网格	在打印平台上显示网格； 可通过设置对话框的一般设置标签进行网格尺寸变更
	显示标尺	沿着 X 轴和 Y 轴显示一个标尺。各轴上显示的单位是网格尺寸的单位，它可以帮助识别平台上的模型尺寸
模型	显示边界框	在模型周围显示一个虚拟框轮廓。该框表明了制作模型所需要的最少的材料
	工作框	在模型周围显示一个框，表明以打印模型所需材料的总量为基准的边界

2）模型详情

使用视图菜单选项或顶部工具栏按钮，可对模型所显示的模型详情数量进行设置。可设置模型显示为实体或线框或两者均可。

3）工作区视图

可从多个角度查看工作区，以便于您从所有侧面对模型及模型详情进行查看。

凭借视图菜单中的命令或顶部工具栏按钮，可选择相应的查看角度。

4.3.12　查看模型信息

在视图信息工具中，可以获得关于编辑平台上的当前模型的信息，该工具可从视图菜单或顶部工具栏中进行访问（见图 4.19）。

点击后，弹出一个说明模型相关信息的平台，信息包括：

（1）模型或模型组尺寸（从左上角到右下角）。

（2）打印该模型所需的层数。

（3）打印中使用该组的比率。

（4）打印所需时间。打印时间的计算需要花费时间，因此显示的是预估时间，同时进程条将启动打印时间计算。大部分情况下，大约在计算进行到 10％时，即能显示出精确打印时间，并可将之显示在窗口中。

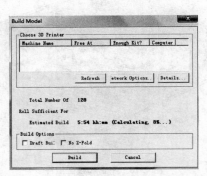

图 4.19　模型信息平台

4.3.13　工具菜单

在设置对话框中将显示影响工作区和模型摆放方式的参数。这些参数影响网格尺寸、平台单位和用于表示各种模型组件的颜色。

1）设置

为了访问设置对话框的步骤如下：

从工具菜单中选择设置，弹出"设置"对话框（见图 4.20）。

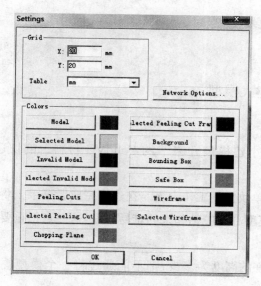

图 4.20   工具菜单"设置"对话框

　　"设置"对话框的上半部分是用来设置网格和平台单位属性的,设置对话框的下半部分是用来设置表示各种模型组件颜色的。

　　2）网格和平台单位

　　在工作区平台的 X 轴和 Y 轴上设置网格标识之间的间隔尺寸,并设置用于工作区平台的测量单位。

　　● 网格尺寸:在 X 和 Y 编辑框中输入数值,从而设定 X 和 Y 轴上网格间距。数值将根据所选测量单位进行自动更新。

　　● 平台单位:在英制或公制之间选择一个作为工作区平台中使用的测量单位。英制单位设置为英寸。公制单位设置为毫米。

　　3）模型成本

　　该选项可通过各组价值设定成本和金额的方式,在对话框中设定各组成本。在设定这些值后,在模型信息对话框中,将显示出平台上当前模型制作的成本。

　　4）设定颜色

　　在设置对话框的颜色部分,可选择您喜欢的颜色表示工作区元件和模型组件。您可对以下各项进行颜色设定。

4.4　模型制作

4.4.1　剖切以创建大模型

1）剖切注意事项

剖切模型可通过减小建模尺寸来节约 SolidVC 材料。剖切还允许通过内模槽创建模型。

模型可被剖切并以单块置于工作台上。在建模完成后可手工将它们粘结起来。在进行剖切前,应考虑将剖切模型部分胶粘起来的难易程度,这一点很重要。

注意:

(1) 无论建模所允许的高度为多少,都不能通过将一个模型叠加在另一模型上方的方式来创建模型。

(2) 在剖切模型之前,应保存模型文件。最好能以单个 SDM 文件的方式保存各个剖切段,以便日后可对它们进行单个建模。确保为每个新剖切段设定一个新文件名称。

2）剖切步骤

(1) 建模平台上指明有剖切需求的模型(见图 4.21)。

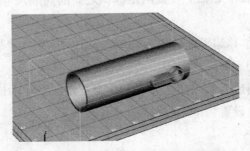

图 4.21　选择需要剖切的模型(模型颜色变成黄色)

(2) 选择在 X、Y 或 Z 轴上进行剖切(见图 4.22)。

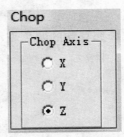

图 4.22　选择剖切的轴线

（3）在所选轴上进行剖切，模型以颜色区分被剖切的两部分（见图4.23）。

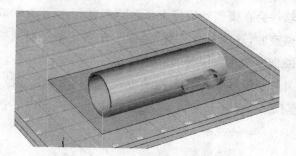

图 4.23　在所选的轴上进行剖切

（4）模型将被分割成两个单独部分，这两部分将自动紧邻并排放在工作台上（见图4.24）。

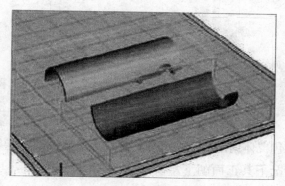

图 4.24　被剖切的两部分分别放置在工作台上

4.4.2　外环层、包覆体和剥层开口

SDview 软件可创建所有具有两层外壳的模型。一层外壳被称作外环层（Channel），另一层与模型紧邻且与其发生接触的外壳层被称作包覆体（Cocoon）（见图4.25）。

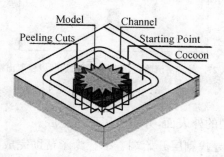

Peeling Cuts—剥层开口；Model—模型；Channel—外环层；Starting Point—起点；Cocoon—包覆体

图 4.25　模型的基本组成部分

1) 外环层

建模时,SDview 软件会在模型外边缘上任一点开始画出一条虚拟切线,以便在模型包覆体周围创建一个完整空腔,这就是外环层(类似于在老式城堡周围挖一条护城河)。创建外环层的目的就是方便把模型包覆层与周围材料分离。

操作时,可以沿着外环层拉出多余材料,拉出方式呈现螺旋状且连续不断。(类似于削苹果皮并且能够让果皮连续不断)。为了帮助启动剥层操作,软件中会创建一个起点(见图 4.26)。

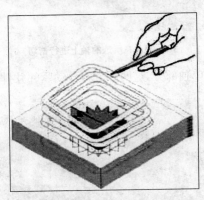

图 4.26 从外环层拉出多余材料

外环层被清除后,包覆体周围的模型可从材料块中取出。为了能够将模型取出,模型块应颠倒放置,即通常情况下其正面朝下。模型已从材料块中取出,但还完全包在包覆体内(见图 4.27)。

图 4.27 外环层清除后,模型块颠倒放置,以便取出模型

2) 包覆体

包覆体完全包裹了模型的外表面,并填充了所有空腔。

为了去除包覆体,可从寻找剥层开始端着手。为了帮助完成该操作,需要对软件进行设置,以确保以之字型折叠方式进行材料层切割和胶粘。事实上,之字型折叠可使一层紧接着下一层,从而使剥层带能轻松导出(见图 4.28)。

图 4.28　包覆体以之字型折叠,可以轻松导出剥层带

3）剥层开口设置

SDview 软件创建一个完全包裹模型的虚拟矩形框。当最终模型完成后,它可完全包裹在此矩形框中。为了便于去除建模后的残余材料,模型中需要有剥层开口。如果未正确使用剥层开口,则模型可能仍被材料块包裹,从而很难进行模型复原(见图 4.29)。

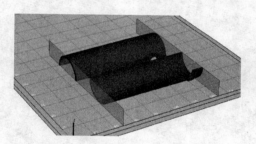

图 4.29　模型被包覆在矩形框内

原则上,剥层开口可以任意放置,若剥层开口影响模型的整体性或影响到外环层时,SDView 软件会自动予以辨识。但实际上,剥层开口位置设置的好,对于去除多余材料将事半功倍。

剥层开口设置的一般经验法则:

(1) 避免不必要的剥层开口。剥层开口过多不仅会增加您的工作时间,也缩短了刻刀的寿命。

(2) 太多同时太密集的剥层开口将使创建面的 PVC 层下产生气泡。

(3) 当打印多个模型,建议模型与模型之间能保持 2 cm 的空间。

图 4.30 这个模型里有两个柱体(用两个箭头标识)。需要在该部分设置剥层开口,使得剥除模型时更容易。如下图所示,剥层开口将模型分成 1、2 和 3,三个部分方便我们剥除支撑材料。

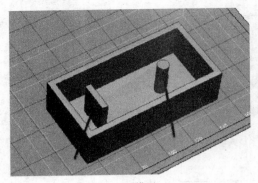
（a）原模型

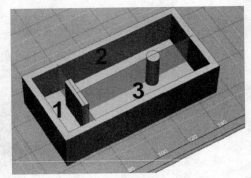
（b）设置剥层开口后的模型

图 4.30　模型中间有柱体时设置剥层开口

图 4.31 的模型中有三个开口，均为 Z 向。这意味着在剥除 PVC 时，该 PVC 层由模型内部延伸至外部，导致剥除困难。解决办法是：画剥层开口在 Z 方向，用剥层开口"封闭"所有的开口。该模型现在已用剥层开口分成两个部分。

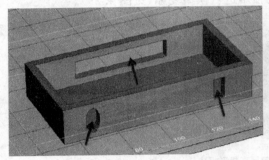
（a）原模型

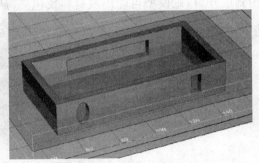
（b）剥层开口如果设置不好会导致剥除困难

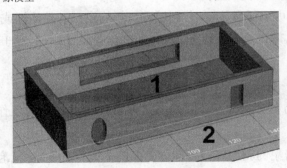
（c）设置剥层开口后的模型（1—内部，2—外部）

图 4.31　模型壁上有开口时设置剥层开口

图 4.32 的模型有 4 个在 Z 轴方向的开口（箭头处），因此需要使用剥层开口将之封闭。另外，可用剥层开口将模型分成几个区域，使模型更容易剥除。

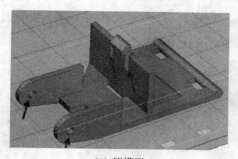
（a）原模型

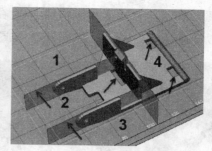
（b）设置剥层开口后的模型

图 4.32 模型中间有开口时设置剥层开口

如图 4.32(b)所示，三个剥层开口封住所有 Z 方向的开口，同时模型也被整齐地划分为四个部分，使其变为四个独立的部分。同时红色箭头指出的三个水平方向的开口则不须做任何处理。此外，可以"降低"剥层开口，因为过高的剥层开口没有必要（绿色箭头）。

在图 4.33 中，除了 Z 方向的开口，还有一个大面积的盖子。在盖子的 PVC 层将难以剥除。

（a）原模型

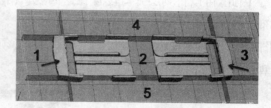
（b）设置剥层开口后的模型

图 4.33 模型顶部有盖子时设置剥层开口

解决方法是：先将模型切剖，并安排一下合适的位置；然后设置剥层开口。模型被整齐划分为五个部分。需注意：1 和 3 的多余材料将从底部由下往上剥除，因为有盖子的缘故（红色箭头）。

图 4.34 也是属于此类情况。涡轮的叶将会制造出许多"盖子"。因此，同样需借助剥层开口的帮助，让移除支撑材料能够单纯地由下往上，或由上往下。

（a）原模型   （b）设置剥层开口后的模型

图 4.34 模型开口较多时设置剥层开口

在各个空间被剥层开口整齐的划分后，红箭头指向的区域由上往下剥，而由绿箭头指向的区域由下往上剥。

图 4.35 表示一个大型的物件,同时在 Z 方向(红色箭头处)有较多的开口。从前面的范例可以知道,应该把模型用剥层开口分成更多部分以方便剥除。

(a) 原模型

(b) 模型中不规则几何形状

(c) 设置剥层开口后的模型

图 4.35　模型开口较多时设置剥层开口

图 4.35(c)是设置剥层开口后的模型,此时,除了前面的两个部分(红色箭头处),其余在 Z 方向的缺口已经被密封。

请注意图(c)黑色圆圈标记处,要仔细检查剥层开口准确地通过模型实体。

该模型还有两处不规则的几何形状,如图 4.35(b)所示。它在 Z 方向有四个开口(红色箭头)。因此,可以将剥层开口设置在这四处。由于绿色箭头指出的区域是在盖子下,所以这个部分将从底部开始剥除。

图 4.36 中所示模型,在设置剥层开口前,必须先剖切模型,以便剥除管内的支撑材料。将模型沿 X 轴方向旋转,实现剖切(见图 4.36(b))。

(a) 原模型

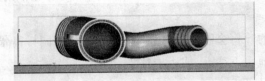
(b) 旋转模型以便剖切

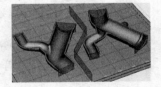
(c) 设置剥层开口后的模型

图 4.36　模型为管道时设置剥层开口

剖切后,将模型旋转至理想的位置,以便同时打印这两个部件,节省材料。接下来以剥层开口封住六个开口。同时,也可以使用剥层开口将左右两个模型分开。由于顶部宽于底部,将从底部向上剥除支撑材料。

图 4.37 是一个随机自由曲面的物体。如果没有设置剥层开口,可以看到该层 PVC 很难抽出,因为它被马的腿压住。

(a) 原模型

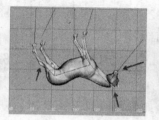
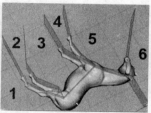

(b) 设置剥层开口后的模型

图 4.37　模型随机自由曲面时设置剥层开口

因此,可以使用剥层开口将马腿分成左右两瓣,以便从腿的两侧剥除。同理,也将用剥层开口划过马的鼻尖,以及耳朵,如图 4.37(b),可以看见马模型被分割成六个独立的区域。

4.4.3　如何定位模型,以节约材料

为了将打印成本减低,我们可以遵循以下三个要点:

(1) 降低模型的高度。也就是说,在可能的情况下,尽量调整模型摆放的方向将高度最小化。同时,可以借用"剖切"的功能来减低高度。

(2) 将一个或多个模型尽量向前聚拢,以减少 Y 方向的深度。

(3) 如果上述的调整方向或剖切均不可实现,可在多出来的空间上建构其他的模型,以降低总成本。

(4) 当将模型定位于工作台上时,应考虑可以使剥层开口位于更有效的区域。

注意:创建模型时,不得将一个模型置于另一模型的上方或置于另一个模型的内部。

图 4.38 中的模型如果不剖切(图 4.38(a)),按照原有的高度,则只能尽量将模型向前移动到到最佳的打印位置。此时,SDView 显示此次打印需花费 26% 的材料,且建构时约为 8 小时。

(a) 未经剖切的模型

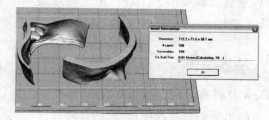

(b) 第一次剖切的模型,模型被分成两半

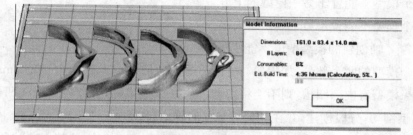

(c) 第二次剖切的模型,模型被分为四部分

图 4.38　通过剖切模型以达到节约材料的目的(人脸模型)

若进行剖切,第一次剖切(Z平面)并摆放后(图 4.38(b)),材料的耗费降到 15% 左右,同时,模型制作时间降到 6 小时左右。

如果进行第二次剖切(图 4.38(c)),将模型分成 4 份并适当摆放,可将材料使用降低到 8%,同时模型制作时间仅为 4 个半小时。之后,只要以快干胶将模型黏合即可。

图 4.39 所显示的眼镜架,如果不做剖切处理(图 4.39a),中间空掉的部分会浪费材料。适当的切剖并排列可以大幅度节约打印成本。模型未做剖切处理,需耗费 34% 的材料以及需要 9 个多小时的制作时间。

如果将眼镜架以 Z 平面切剖成两半,可以减低模型高度。再以剖切功能(X 平面)将两个部分彻底分离,并分别移动到最佳摆放位置(图 4.39(b)所示)。

可以进一步剖切部件,待所有剖切部件都可以自由移动后,将它们集中放置在工作台前方(减少 Y 方向的深度)。此次建模只需耗费 13% 的材料,同时制作时间缩短为 5 个半小时。

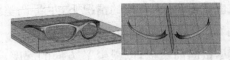

(a) 未经剖切的模型　　　　　(b) 经过第一次剖切的模型　　　　　(c) 经过多次剖切得到的模型

图 4.39　通过剖切模型以达到节约材料的目的(眼镜架模型)

4.4.4　如何定位模型,以获取透明表面

SolidVC 建模材料是透明的。如果您需要使一个模型的特定平面为透明状,则放置该指定表面时必须确保其与工作台平行。

这可以通过旋转模型来实现。通过使用旋转工具或选择对准面工具可实现旋转模型(参见 4.3.6 节)。

4.4.5　建模限制

SDView 软件有一些建模限制,制作模型时需要注意:

(1) 模型不得超过建模框尺寸。

(2) 一个模型不能置于另一模型的上方。

(3) 一个模型不能置于另一模型的内部。

(4) 沿着 Z 轴创建的模型壁厚不能小于 1 mm。

(5) 一个模型的两个部分(如构架、立柱等)之间的最小距离不能小于 1.1 mm。

(6) 如果模型有内部凹槽,则不能将模型合成一个整体,因为废料将卡在凹槽内部。建议将此类模型剖切,分段创建,并在创建后将它们胶粘起来。

(7) 模型中不能创建小而深的洞孔。在这种情况下,因为在两端都无法放置剥层开口,所以只可在完成模型后,用机械方式钻孔。

4.4.6 其他建模要领

1) 当模型有小于1 mm的部分

1 mm逼近打印机的物理极限,并可能导致PVC层下气泡的出现。如果过多的气泡在PVC层下出现,经过一层层的材料堆积后,模型整体的平整度将有所改变,还会将导致切割刀的损坏以及模型创建失败。所以尽量避免打印有小于1 mm的部件模型。

若模型中确有小于1 mm的部分,建议将小于1 mm的部件放大比例,再进行打印(见图4.40)。

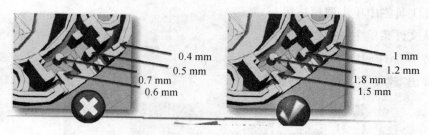

图4.40 放大小于1 mm的部件尺寸以方便打印

2) 模型与模型间距太近

SD300打印机可以同时打印多个部件,但必须确保在模型与模型之间留下至少1～2 cm的间距。若模型排列太密集,同时又放置了过多的剥层开口,就有可能导致PVC层下的气泡出现,最终影响模型的平整度(见图4.41)。

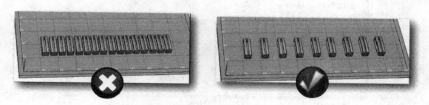

图4.41 避免模型与模型之间的间距过小

3) 过多/过密的剥层开口

避免设置过多的剥层开口,尤其避免过多的剥层开口互相"交会"。同时,避免设置平行且靠近的剥层开口,同样会导致气泡出现、刀具损坏或建模失败(见图4.42)。

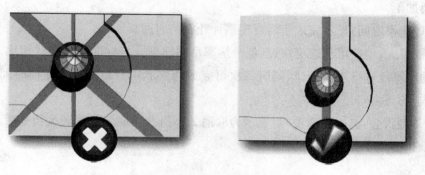

图4.42 避免过多/过密的剥层开口

4.5　模型的加工

4.5.1　模型发送至打印机

1）发送模型到打印机

为了将制作好的模型发送到 SD300 中进行建模,可按以下任一步骤进行操作:

(1) 在工具栏中单击建模按钮。

(2) 从文件菜单中选择创建模型。

(3) 按下 Ctrl+B。

(4) 弹出"建模"对话框(见图 4.43)。

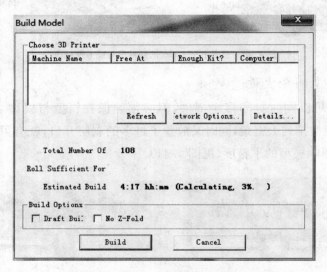

图 4.43　"建模"对话框

对话框中的参数描述如下:

● 层总数:显示完成建模所需的 PVC 层总数。

● 足够量建模耗材:显示是/否,以显示当前加载在 SD300 中的耗材数量是否足以完成所需的建模加工。

● 估计建模时间:显示完成所需建模估计花费的时间。

● 草稿模式:用户可创建更快速、低分辨率草图模型。与标准建模模式相比,草稿模式将以 2 倍的层厚度进行模型创建,同时每次可完成两层剥层开口操作。建模时间降低比例介于 15% 与 25% 之间。

● 非 Z 型折叠:选中该选项时,表示为取消 Z 型折叠功能。取消 Z 型折叠后,建模中将创建非 Z 型折叠。

（5）关闭建模对话框，启动打印。

（6）从选择 3D 打印机下拉框中，选择一个打印机。

2）SD300 状态窗口—待打印清单

SD300 建模状态窗口可以监控已选中打印机的当前状态，进一步追踪正在或等待打印模型的状态。图 4.44 是一个 SD300 状态窗口，显示了当前待打印清单中的模型，并显示待打印清单的管理功能信息。

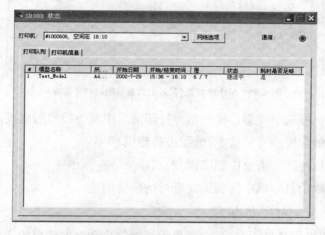

图 4.44　SD300 状态（待打印清单）

在 SD300 状态待打印清单中的字段描述将显示（见图 4.45）：

- 模型名称：导入或保存时，用户设定的模型名称。
- 主机：发送模型的电脑名称。
- 启动日期：创建模型的日期。
- 启动/终止时间：设定建模开始时间和建模估计时间。
- 层：建模所需的层数和当前建模的层数，如总数 63 层，第 49 层正在建模中。
- 耗材足量：

　　是——当前耗材（和所有耗材组部件）足够用于建模。

　　部分——建模过程中现有耗材（和所有耗材组部件）将耗尽，需要安装新耗材组。

　　否——该模型建模启动前，现有耗材（和所有耗材组部件）已耗尽。

- 通信：右上方闪烁的绿点是指电脑和 SD300 之间是否有稳定通信。

单击待打印清单中待打印内容左侧的位置编号，将显示一个弹出式菜单，如图 4.45 所示。

使用该弹出式菜单中的命令，可进行以下操作：

- 在待打印清单中移动：变更模型在待打印清单中的位置。
- 移至打印机：将模型从一个打印机待打印清单中移至另一个打印机待打印清单。
- 复制到打印机中：将模型从当前打印机待打印清单中复制到另一打印机待打印清

单中。

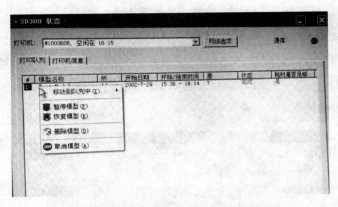

图 4.45　SD300 状态(带弹出式菜单的待打印清单)

- **暂停模型**：暂停选中模型。将开始待打印清单中其他模型的建模。
- **恢复模型**：解除模型暂停状态，继续进行建模。
- **删除模型**：从待打印清单中删除模型。
- **取消模型**：取消打印机中当前正在进行的模型创建。

3) SD300 状态—打印机信息

图 4.46 是打印机信息显示窗口，主要显示耗材信息和当前建模的详细信息。

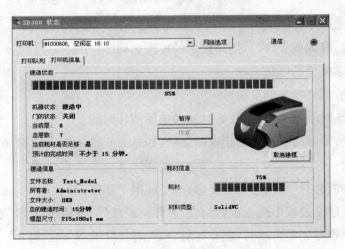

图 4.46　SD300 状态—打印机信息标签

在打印机信息窗口中可执行多个打印机操作：

- **暂停或恢复建模**：使用"暂停打印机"和"恢复打印机"按钮。
- **取消建模**：使用"取消建模"按钮，弹出确认对话框(见图 4.47)。

图 4.47　"取消确认"对话框

打印机信息窗口中显示以下信息：

- 通信：是指电脑和 SD300 之间是否有稳定通信。
- 状态：建模加工的当前状态。
- 当前层数：机器正在建模加工的 SolidVC 材料层数。
- 总层数：创建所要求模型所需的 SolidVC 材料的总层数。
- 现有耗材足够否?：SD300 中当前 SolidVC 材料卷、胶水和解胶剂是否够完成建模。

只要建模材料不足，SD300 就将停止其模型创建加工，并向用户发出警报。这时需要安装新耗材组（胶水、解胶剂和 SolidVC 材料卷）。将所有这些新耗材组安装固定好后，单击—停止/恢复‖按钮，继续建模。

- 预估完成时间：完成模型创建的预估时间。

4）建模信息

建模信息窗口主要显示：

- 文件名称：用来创建当前模型的 SDM 文件名称。
- 主机：用来创建当前模型的电脑名称。
- 文件大小：用来创建当前模型的数据文件大小。
- 总建模时间：用来创建当前模型所需的总时间。
- X、Y、Z 材料块尺寸：当前建模所需的材料块尺寸。

5）材料信息

材料信息窗口显示的信息有：

- 耗材剩余：SD 300 中剩余的 SolidVC 材料，用百分数表示。
- 材料：SolidVC 或其他可用材料。
- 层厚度：一层 SolidVC 材料薄板和胶粘材料的厚度。

4.5.2　更换耗材

耗材组包括以下各项：1 个 SolidVC 材料卷，1 个胶水盒，1 个解胶盒和 3 支解胶笔（见图 4.48）。

操作过程中 SolidVC 材料用量可进行监控，也可在建模对话框和 SD300 的状态窗口中进行查看。当 SolidVC 耗材完全用尽时，系统将提示 SolidVC 材料不足并暂停操作，发出一声长鸣，且在操作面板上显示"材料不足，请更换耗材组并按下恢复"。

由于耗材组中所有材料的量都是同步消耗的，因此需要同时更换所有耗材。

图 4.48　SD300 3D 打印机耗材组

更换 SolidVC 材料卷的步骤如下：

（1）如果系统为关闭状态，打开系统。如果系统处于操作状态，按下操作面板上的"停止/恢复"按钮，暂停系统操作。

（2）打开上盖板。

（3）打开 SolidVC 舱门。

（4）在操作面板上选中"退料"选项，等待到操作完成为止。

（5）取出旧 SolidVC 材料卷，从旧材料卷芯上取出两个塑料环（见图 4.49）。

（6）向新 SolidVC 材料卷芯中插入塑料环，将材料卷滑入到 SolidVC 组件中的材料卷固定器中，直到将之固定到位。

图 4.49　SolidVC 材料卷及两个塑料环

（7）拉出 SolidVC 材料薄片边缘，并插入到进料托盘中，将之与托盘边缘平行并置同等高度位置上，直到 SD300 自动抓持 SolidVC 材料薄片边缘，并将之送入到进料器中为止。

（8）如果 SolidVC 材料薄片未正确插入，则进料机将延迟大约 1 秒钟，以便于用户将 SolidVC 材料摆正。

（9）建模加工后，SD300 打印机将自动重新计算耗材百分数。最后计算将出现在大约 20 层建模时。

接下来，需要更换胶水盒和解胶笔，其步骤如下：

（1）打开胶水盒舱门，把旧胶水盒取出。

（2）打开新胶水盒，拆除其密封口。

（3）打开并固定好解胶笔夹。

（4）把胶水盒插入到位。

（5）固定喷嘴与进胶口。

（6）关闭解胶笔夹。

（7）关闭胶水盒舱门。

（8）从打印机笔套中取出 3 支已使用的解胶笔。

（9）从打印机中取出旧解胶盒。

（10）打开新解胶盒,拆除其密封口。

（11）把解胶盒安装到位。

（12）打开 3 支新解胶笔。将笔插入到其色码位置上,先倾斜解胶笔,笔尖向下,然后将其插入,再用拇指将笔推入到解胶笔夹中。

（13）关闭 SolidVC 材料舱门,直到将之关闭到位。

（14）关闭上盖板。

（15）为了恢复建模,再次单击一"停止/恢复"按钮。系统将继续进行正常建模加工。

4.5.3　取消模型加工

建模对话框只能用取消模型或允许建模完成的方式来终止。禁止将模型取出并单击恢复,这样将导致切割刀受损。

为了停止或取消一个建模加工,需要在 SD300"状态—打印机信息"中按下"取消模型"按钮或在 SD300 状态待打印清单的弹出式菜单中选中"取消模型",还可以在 SD300 的操作面板上选择"取消模型"。

4.6　模型的后处理

4.6.1　取出模型

（1）在打开上盖板之前,确保建模加工已完成。操作面板上应显示该信息:模型已完成。

（2）然后,打开 SD300 上盖板,在操作面板上选中"升起模型",选择"YES"确认。当平台到达顶部位置时,操作面板上弹出说明信息:"取出模型,更换磁体,关闭上盖板并单击恢复"。

（3）小心提起磁垫后角并将模型块和磁垫从打印机平台上取出,从建模平台上取出模型块(见图 4.50)。

图 4.50 从建模平台上取出模型

（4）从模型块上轻轻剥下磁垫，并将其取出（见图 4.51）。

图 4.51 从模型垫上剥离磁垫

（5）将磁垫放回到平台上，关闭上盖板。

（6）按下"停止/恢复"按钮。此时，SD300 将执行自我检测，并在控制面板的第一行上显示"就绪"或"预热"，第二行显示"无模型"。

4.6.2 去掉多余的材料

（1）找到螺旋圈一端的开始位置，即"头"，并用镊子边缘将其提起。

需要注意的是：最好在建模一完成，就将模型剥下，因为这时候温度较高，比较容易剥离。此外，需要用打印机提供的镊子或自备的镊子剥离多余材料，不要用小刀、刀片或其他尖锐的工具，以免破坏模型（见图 4.52）。

起始的"头"有时候难以找到。可在强光线下的几个不同平面上倾斜查看，以便找到它。

（2）从"头"开始，往上提拉螺旋圈剥层，逆时针方向运动，直到到达模型块底部的最后一层为止。

在用镊子执行剥层操作过程时应特别小心。可使用任意力度，但须确保您的手远离镊子尖端。如果剥层过程中，螺旋线断裂，找到断裂处，用镊子继续剥层。

图 4.52　找到螺旋圈起始的"头"

（3）翻转模型块，用双手向下按，将模型从包覆体中推出（见图 4.53）。

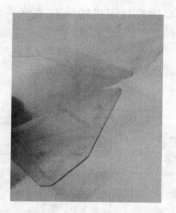

图 4.53　用双手向下按，以便将模型从包覆体中推出

（4）用拉出之字型折叠的方法，从模型周围去除多余材料。

如果模型有少量突出部分，禁止同时剥层超过 3 层，因为这样可能导致部件破损。如果不小心撕裂之字型折叠，再次找到端头，继续操作。

（5）显露已竣工模型（见图 4.54）。

可对竣工 SD300 模型进行钻孔、锉削、砂磨、喷漆或进行任何其他类似抛光处理。

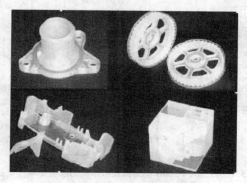

图 4.54　已经去掉多余材料的模型

5 熔融沉积打印机基本操作

LC3DP4-500B 型桌面式打印机既支持在线打印功能，也支持脱机打印功能。下面以该型打印机为例，分别介绍这两种打印方法的操作步骤。

5.1 脱机打印步骤

5.1.1 打印机各菜单功能

图 5.1 是 LC3DP4-500B 型桌面式打印机的所有菜单一览图。下面介绍一下该型打印机的主要菜单功能。

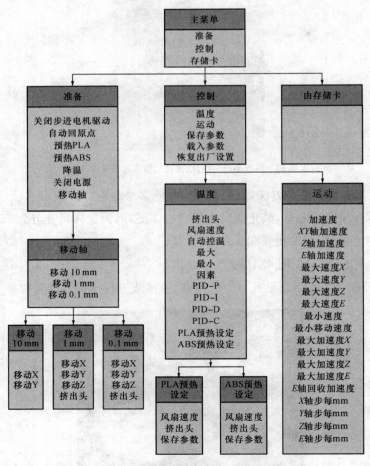

图 5.1　LC3DP4-500B 型桌面式打印机的所有菜单一览图

1) 人机操作界面

　　LC3DP4-500B 型桌面式打印机既支持在线打印功能，也支持脱机打印功能。在使用脱机打印时，首先应准备一张 SD 卡，通过 PC 机将三维模型的 STL 文件转化生成 G 代码后存入到 SD 卡中。开机上电插入 SD 卡后，可以通过打印机的人机操作界面来调试和执行打印任务。

　　因此，在打印三维模型前，需要熟悉一下人机操作界面各项菜单的功能，人机操作界面采用 128×64 的 LCD 显示屏作为显示界面，通过旋转编码器对界面中显示的各项功能选择操作。图 5.2 为人机操作界面上电后的主界面。

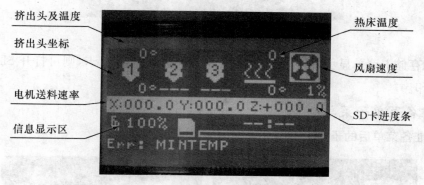

图 5.2　人机操作界面上电后的主界面

　　主界面显示信息较多，其中挤出头显示三个图标，因为该机器固件可以支持三个挤出头同时工作，但默认只有第一个工作。

　　挤出头和热床图标右上角和右下角各有一行数字，右上角的数字为设置的目标温度，可在控制→温度菜单中更改目标值，右下角的数字表示实际温度值，在打印过程中实时显示。

　　中间一栏在打印过程中会显示挤出头坐标，其左下方 FR(Feedrate)为挤出机送料速率，在主界面旋动旋钮可改变其数值大小。在其右侧，有一个 SD 卡标记、一个时间标记、一个进度条标记，分别表示 SD 卡上的 G 代码打印机进度及时间。如果没有打印，就不会显示数值。

　　屏幕最下面是信息显示部分，会有不同的信息进行显示，比如错误信息，如果没有接测温传感器或测温传感器配置错误，可能会显示错误，另外还可显示联机打印进度，从开始打印便会显示打印剩余时间。

2) LCD 显示屏主菜单

　　图 5.3 是 LCD 显示屏主菜单，在主界面的状态下，按控制旋钮会进入主菜单。主菜单比较简洁，其下有"准备"、"控制"和"无存储卡"三个子选项。

　　● 准备菜单中包含了打印前的各项准备工作，如预热、归零、移动轴等。开始打印之后，准备菜单将会变更为调整菜单，可随时调整打印参数。

　　● 控制菜单中主要包含对温度、风扇速度及电机相关参数的具体设置。此外，还可以载入及保存参数。

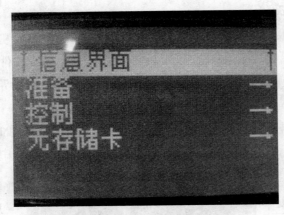

图 5.3　LCD 显示屏主菜单

• 无存储卡菜单显示 SD 卡是否在插槽的状态，若插入 SD 卡，则可打开 SD 卡中的文件用以打印。

3）准备菜单子菜单

进入准备菜单后的子菜单如图 5.4 所示。

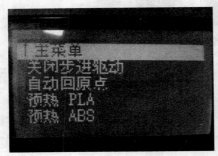

图 5.4　准备菜单子菜单

• 关闭步进驱动：该选项可立即停止 X、Y、Z 轴及送料步进电机驱动器（A4988）的工作，关闭后，各轴可以手动移动。

• 自动回原点：该选项是让挤出头回到零点位置。各轴零点处都有限位开关，各轴电机将会动作直至各个轴的挡块触碰到限位开关为止。一般在打印前选择该选项，让各轴归零。

• 预热 PLA 以及预热 ABS：这两个选项分别预热挤出头及预热热床。选择加热后，加热装置将会自动加热，直到温度达到材料的目标温度。

• 降温：该选项关闭加热头和热床，风扇保持，用于手动降温。

• 关闭电源：选择这个命令会关闭步进电机、挤出头、热床及风扇电源，也就是使所有设备停止工作。

• 移动轴：移动 X、Y、Z 轴及动作送料电机。机器设置了三种移动精度，分别表示旋钮每旋动一格，步进电机动作 10 mm、1 mm 和 0.1 mm。该选项多用在打印前的调试工作。

4) 控制菜单子菜单

控制菜单中的子菜单如图 5.5 所示。

• 温度菜单：该选项除了对挤出头、热床目标温度及风扇速度的控制，还可设置挤出头最高及最低温度。打印过程中，出于设备安全考虑，当挤出头温度高于最高温度或低于最低温度时，各轴电机将不会动作。

• 运动菜单：包含对步进电机的精细控制，如各轴电机的加速度，最低及最小速度等（见图 5.6）。参数在固件中都已经设置好，通常不需要变动。

图 5.5　控制菜单子菜单

图 5.6　运动菜单子菜单

• 最大速度 X,Y,Z,E 的数值分别表示相应轴的电机允许运行的最大速度，单位是 mm/s。如最大速度 X 设定为 500 就表示在固件中所允许 X 轴运行的最大速度为 500 mm/s。

5.1.2　脱机打印步骤

（1）通过 PC 机将需要打印的三维模型的 STL 文件经过合适的配置，生成 G 代码后存入到 SD 卡中。注意：G 代码文件用英文名较为合适，否则，由于控制器固件限制可能会出现乱码。

（2）将 SD 卡插入前面板上的卡槽，给机器上电，打开电源开关。

（3）选择控制→温度→挤出头菜单中旋转旋钮调整挤出头目标温度值（一般打印 PLA 的材料选择的目标温度是 200 ℃）。按下控制旋钮即可对挤出头进行加热。在打印模型前对挤出头预热有助于后续打印模型时的顺畅出丝。挤出头温度控制界面如图 5.7 所示。

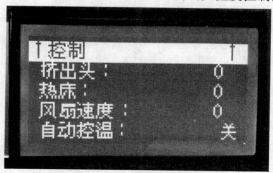

图 5.7　挤出头温度控制界面

（4）待挤出头加热到目标温度后，再回到主界面的状态下，选择由存储卡进入（见图 5.8），通过读取 SD 卡的内容进行打印。

图 5.8　插入 SD 卡后主菜单界面

（5）如图 5.9 所示，选择相应的打印文件，按下控制旋钮，挤出头将会回到坐标原点的位置，将会根据 SD 卡的数据进行运行打印。

图 5.9　进入 SD 卡菜单后读取到的 G 代码文件

（6）模型打印结束后，挤出头回到相应的起始位，所有的电机停止，加热单元也停止工作，控制器处于待机状态。此时，关闭电源开关，即可从打印平台上取下模型。

5.2　联机打印步骤

5.2.1　建模前的准备工作

（1）在 PC 机上安装好 Repetier-Host 软件。

（2）如果需要脱机打印，准备好一张标准 SD 卡。

（3）准备好 1.75 mm 的 PLA 打印材料。

（4）准备好内六角扳手、镊子、铲刀等基本工具。

5.2.2 数据准备

（1）打开 Repetier-Host 软件，软件主界面如图 5.10 所示。

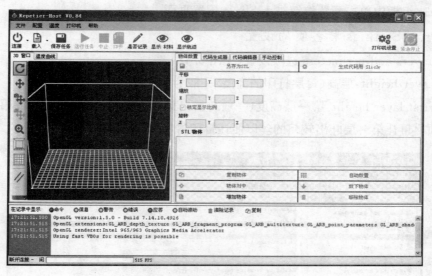

图 5.10 Repetier-Host 软件主界面

（2）给快速成型打印机插上电，将打印机的数据接口与 PC 机相连。

（3）打开"配置/打印机设置"，设置端口号为 PC 机所检测到的控制器端口，设置波特率为 250 000 bps，如图 5.11(a)所示。

（4）设置打印机形状。

一般把 X、Y、Z 轴回归到原点位置定义为最小值 0，最大值根据挤出头在 X、Y、Z 轴可以移动的最大范围来定，如图 5.11(b)所示。

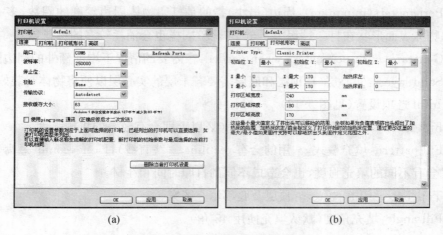

(a)   (b)

图 5.11 对打印机通信设置界面

5.2.3　G代码生成器设置

在载入打印对象之前对 G 代码生成器中的 Slic3r 进行配置。点击"代码生成器"标签页,在 Slic3r 组框中单击配置按钮进入 Slic3r 配置页面。

1）Print Settings 标签页的设置

（1）Layers and perimeters 选项设置（见图 5.12）

● Layer height：层高（每层打印的高度,一般为 0.1～0.4 mm）。

● First layer height：第一层高度（一般与挤出头的直径一致）。打印机的第一层非常重要,必须尽量让第一层吐出较粗的丝以便让打印材料很好地吸附在打印床上。

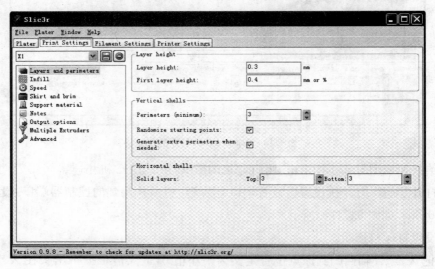

图 5.12　Print Settings 标签页中 Layers and perimeters 选项

● Periemeters(minimum)：周边（最小）指的是打印物体周边轮廓的圈数,多一些圈数可以增加物体表面形状在打印过程中不至于畸变,同样也会消耗较多的材料。

● Generate extra perimeters when needed：在需要的情况下增加额外的周边圈数。

● Solid layers：实心层（在顶层和底层需要若干层的实心层以便将物体封装好）。

（2）Infill 选项设置（见图 5.13）

● Fill density：填充密度,一般设置为 20％以上即会有较高的机械强度。

● Fill pattern：填充模式,常用的会有 rectilinear（绕直线）,Honeycomb（蜂窝）,不同的填充模式会有不同的填充强度,也会造成不同的打印时间和耗材。

● Top/bottom fill pattern：顶层及底部填充图案。

● Fill angle：填充角度（默认填充使用 45°角）。

● Solid infill threshold area：临界区域的实心填充,该选项设定了在多大的面积以下选择完全实心填充。

● Only retract when crossing perimeters：在跨越周边时适当回缩。

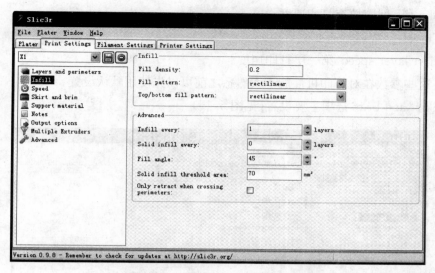

图 5.13　Print Settings 标签页中的 Infill 选项

（3）Speed 选项设置（见图 5.14）

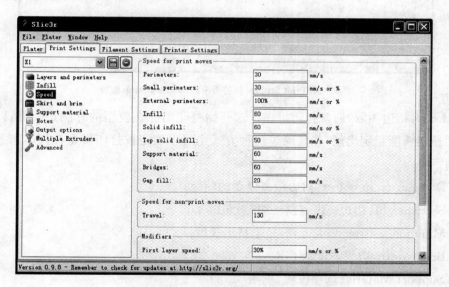

图 5.14　Print Settings 标签页中的 Speed 选项

- Perimeters：周边打印。
- Small perimeters：周边细节打印速度。
- External perimeters：外部周边打印速度。
- Infill：填充打印速度。
- Solid infill：实心填充打印速度。
- Top solid infill：顶层实心填充打印速度。
- Support material：支架材料打印速度。
- Bridges：过桥时打印速度。

- Gap fill:间隙填充打印速度。
- Travel:空程运行速度。
- First layer speed:第一层打印速度。

注意:这些参数在对打印机性能不太熟悉之前可以先使用默认设置。

(4) Skirt and brim 选项主要设置(见图 5.15)

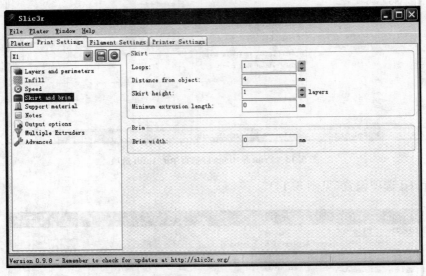

图 5.15　Print Settings 标签页中的 Skirt and brim 选项

- Loop:裙边圈数,通常打印机在正式开始打印前先在模型的外围走一圈,以保障正式打印后挤出头能稳定出丝,并且通过这种方式也可以确定被打印模型在打印床上的位置是否合适。
- Distance from object:裙边距离模型的间距。
- Skirt height:裙边高度,往往一层就足够了。
- Minimum extrusion length:最小挤出长度。
- Brim width:边缘宽度。

(5) Support Material 选项设置(见图 5.16)

在该选项页中主要设置是否对模型悬空的地方施加必要的支撑材料,在很多模型下端是空心的情况下,往往需要施加支撑材料才能保障模型不变形。

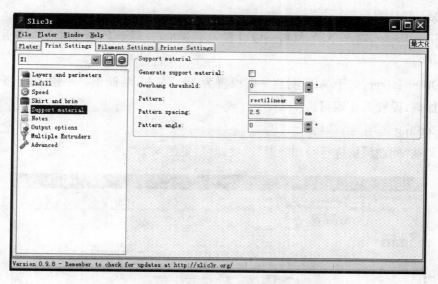

图 5.16 Print Settings 标签页中的 Support Material 选项

2) Filament settings 挤出丝标签页设置

（1）Filament 选项（见图 5.17）

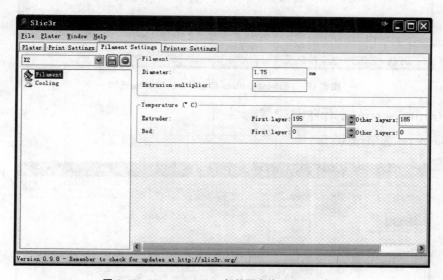

图 5.17 Filament settings 标签页中的 Filament 选项

- Diameter：挤出丝直径（需根据实际使用材料设置）常用的有 1.75 mm 和 3 mm 两种。
- Extrusion multiplier：挤出倍率。
- Extruder：挤出头温度。
- First Layer：对于 PLA 材料一般设置为 195°左右。
- Other Layer：对于 PLA 材料一般设置为 185°左右，略低于第一层。

● Bed：热床温度。

● First Layer：对于 ABS 材料一般设置为 110°左右，对于 PLA 材料可以不用加热，设置为 0°即可。

● Other Layer：对于 ABS 材料一般设置为 100°左右，略低于第一层，对于 PLA 材料可以不用加热，设置为 0°即可。

（2）Cooling 选项

直接勾选"使能风扇进行冷却降温"选项即可（见图 5.18）。

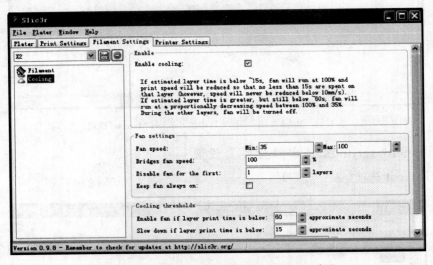

图 5.18　Filament settings 标签页中的 Cooling 选项

3）Printer settings 打印机设置标签页

（1）General 选项（见图 5.19）

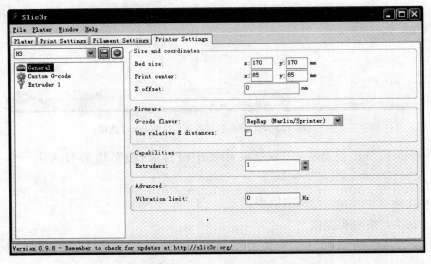

图 5.19　Printer settings 标签页中的 General 选项

- Bed size：打印床 X 轴、Y 轴方向的尺寸。
- Print center：打印机中心点坐标。
- Z offset：Z 轴初始偏置。

（2）Extruder1 选项（见图 5.20）

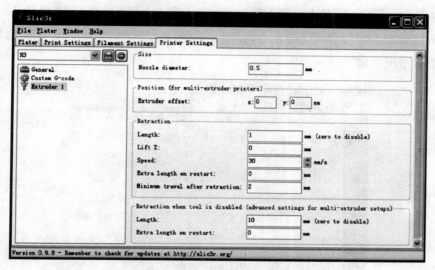

图 5.20　Printer settings 标签页中的 Extruder1 选项

- Nozzle diameter：喷嘴直径（常用的喷嘴直径有 0.3 mm、0.4 mm、0.5 mm 等多种规格，可根据具体情况设置）。

保存以上设置的所有参数，以后再使用打印机时无需重新设置。

4）激活设置

通过载入按键将需要打印的.stl 格式的模型文件载入，载入之后如图 5.21 所示。

图 5.21　载入的模型文件

载入之后如模型显示红色则表明模型大小在软件打印区域之内,但这并不表明该模型大小适合打印机的大小,还需要根据打印机的具体尺寸来确定该模型是否可以打印。

如果模型偏大,在不影响使用目的的情况下,可以采用缩放以及旋转功能对模型进行修改。

5)按下"生成代码"按钮,用 Slic3r 即可生成打印该模型所使用的 G 代码

在代码编辑器中可以看到代码指令,如图 5.22 所示。该代码是根据前面的 G 代码生成器 Slic3r 配置情况生成。

图 5.22　打印模型所使用的 G 代码指令

6)单击菜单左上角"连接"按键

按键由深红色变成绿色说明连接成功。

5.2.4　成型准备工作

(1)可以通过手动调节 X 轴、Y 轴、Z 轴的运动方向及距离,以便观察运动实际情况与指令要求是否相符,并判断打印机是否处于正常状态,如图 5.23 所示。

(2)通过回原点指令,观察机器能否可靠回归原点。

(3)观察喷嘴与打印床之间的间隙是否合适,以手动调平打印床与喷嘴之间有一张 A4 纸的间隙为宜。

(4)按下加热挤出头按钮,待温度足够高时,通过控制挤出机的出丝与进丝来观察挤出机运行是否正常。

(5)当机器通过开机手动调试正常运行时,单击"运行任务"按钮开始模型打印。

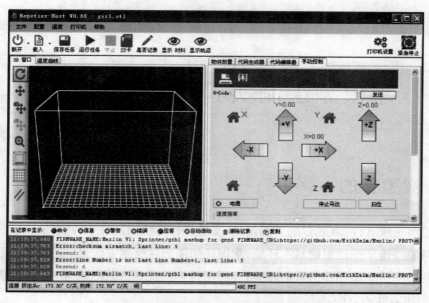

图 5.23　手动调整 X 轴、Y 轴、Z 轴的运动方向及距离

5.2.5　后处理

1) 设备降温

原型制作完毕后,如不继续造型,即可将系统关闭,为使系统充分冷却,至少于 30 分钟后再关闭散热按钮和总开关按钮。

2) 零件保温

零件加工完毕,下降工作台,将原型留在成型室内,薄壁零件保温 15～20 分钟,大型零件 20～30 分钟,过早取出零件会出现应力变形。

3) 模型后处理

小心取出原型,去除支撑,避免破坏零件。成型后的工件需经超声清洗器清洗,融化支撑材料。

6 三维模型绘制实验

6.1 实验目的

（1）了解三维软件 UG8.0 的界面组成，文件操作方法以及显示控制的方式。

（2）熟悉二维草图绘制的基本环境，掌握几何图形的绘制方法、尺寸标注及编辑。

（3）熟悉三维实体创建的界面环境，会利用拉伸特征、孔特征、求和、求差等基本的三维特征创建实体零件的方法。

（4）利用二维草图模块、三维实体模块的功能完成给定零件的创建。

（5）学习创建.stl 文件。

6.2 实验设备

1）硬件

电脑要求内存 256 MB 以上，64 MB 以上显存，有网卡，硬盘应该有 2 GB 的使用空间。一般要求 15 英寸及以上显示器，并推荐使用三键鼠标，具有标准键盘。

2）软件

电脑使用 Windows XP 或者 Windows 10.0 操作系统

电脑上预装 UG8.0 或更高版本。

6.3 实验内容

（1）熟悉 UG8.0 软件界面，练习 UG8.0 基本操作功能和文件的导入、导出功能；

（2）学习草绘功能，练习添加约束和标注尺寸；

（3）利用实体建模功能，完成五个三维实体模型的绘制；

（4）把创建的三维实体模型另存为后缀名为.stl 的文件。

6.4 实验步骤

6.4.1 绘制三维实体模型 1

图 6.1 为三维实体模型 1 的二维图。

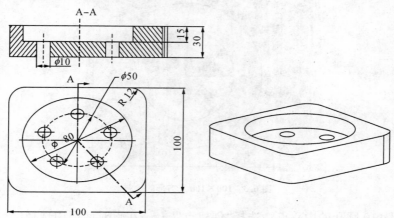

图 6.1 三维实体模型 1 的二维图

（1）新建文件。单击"新建"→在新建对话框中的"文件名"中输入"S1. prt"→在"文件夹"处打开所需存放文件的目录，如 E:\UG→"确定"。

（2）进入草图环境，单击"任务环境草图"图标![icon]（或菜单栏"插入"→"任务环境草图"）→"确定"→进入草图绘图区。

（3）分别绘制圆 $\Phi80$、$\Phi50$ 并进行相关约束。

关闭"自动标注尺寸"图标![icon]→单击绘制"圆"命令图标→分别绘制圆 $\Phi80$、$\Phi50$。

单击"约束"命令图标![icon]→选取 $\Phi80$ 的圆弧圆心→选取坐标原点，在弹出的约束对话框中选取"共点"命令图标![icon]→分别选取 $\Phi80$、$\Phi50$ 圆，在弹出的约束对话框中选取"同心圆"命令图标![icon]，→单击"自动判断尺寸"命令图标![icon]→分别选取两个圆，设置尺寸为 $\Phi80$、$\Phi50$，如图 6.2 所示。

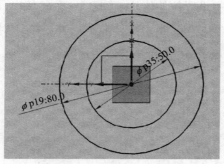

图 6.2 圆 $\Phi80$、$\Phi50$ 的绘制

（4）绘制 100×100 正方形。绘制与 X 轴和 Y 轴垂直的直线→分别标注尺寸 50→选择"镜像曲线" 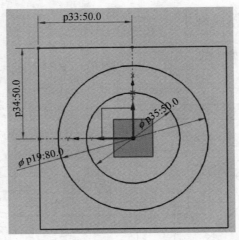 →选择要镜像的曲线（刚才绘制的两条直线），再分别选择 X 轴和 Y 轴为"中心线"→完成正方形的绘制（见图 6.3）。

图 6.3　100×100 正方形的绘制

（5）绘制 $\Phi 10$ 圆孔的中心点。选择"创建点" + →在点对话框中选择"交点"→选取 X 轴为第一条曲线，选取 $\Phi 50$ 圆为第二条曲线，这时候会自动选定它们的交点，确定即可（见图 6.4）。

单击"完成草图"命令图标 完成草图 。

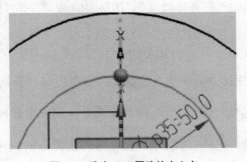

图 6.4　选定 $\Phi 10$ 圆孔的中心点

（6）生成正方体，中间挖去一部分圆柱体。单击"拉伸"命令→选择拉伸曲线（正方形的各条边）→在"拉伸"对话框中设置拉伸值从 0 到 30→确定，如图 6.5（a）所示。

单击"拉伸"命令→选择 $\Phi 80$ 的圆为拉伸曲线→在"拉伸"对话框中设置拉伸值从 0 到 15，拉伸方向与正方体一致，布尔运算选择"求差"→确定，如图 6.5（b）所示。

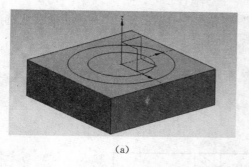 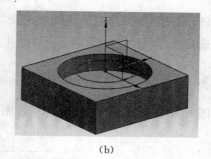

(a)　　　　　　　　　　　　(b)

图 6.5　拉伸正方体，挖去一部分圆柱体

（7）圆孔的绘制。单击"孔"命令 →在弹出的对话框中选择"常规孔"，选择刚才绘制的点为指定点，直径设置为 10，孔的方向为"垂直于面"，深度限制选择"贯通体"，布尔运算选择"求差"→确定，结果如图 6.6(a)所示。

选择下拉菜单"插入"→"关联复制"→"对特征生成图样"，在弹出的对话框中，选择刚生成的圆孔为特征，布局选择"圆形"，旋转轴选定为"Z 轴"，数量为 5 个，节距角为 72 度→确定，结果如图 6.6(b)所示。

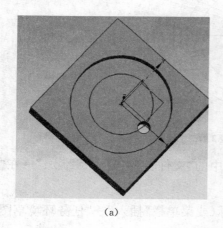 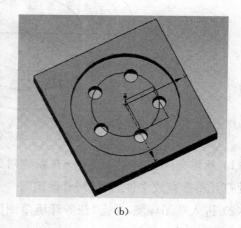

(a)　　　　　　　　　　　　(b)

图 6.6　圆孔的绘制

（8）对正方体进行倒圆。单击"边倒圆"按钮 →在弹出的对话框中，选择正方体四个角的棱边，半径设置为 12→确定，如图 6.7 所示。至此，三维实体模型 1 全部完成。

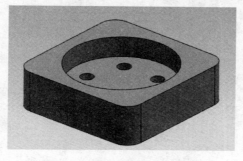

图 6.7　对正方体进行边倒圆

（9）保存为.stl文件。菜单栏选择"文件"→"导出"→选择"STL"→对话框默认选项,确定→选择保存的位置→确定。这样就生成了.stl文件。

6.4.2　绘制三维实体模型2

图6.8为三维实体模型2的二维图。

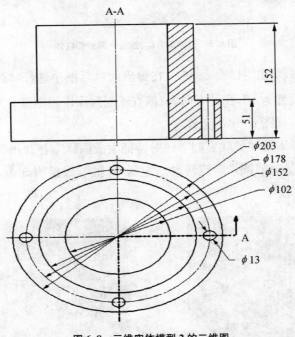

图6.8　三维实体模型2的二维图

（1）新建文件。单击"新建"→在新建对话框中的"文件名"中输入"S2.prt"→在"文件夹"处打开所需存放文件的目录→"确定"。

（2）进入草图环境,单击"任务环境草图"图标(或菜单栏"插入"→"任务环境草图")→"确定"→进入草图绘图区。

（3）分别绘制圆 $\phi203$、$\phi178$、$\phi152$、$\phi102$,并进行相关约束。绘制方法跟前面一样,如图6.9所示。

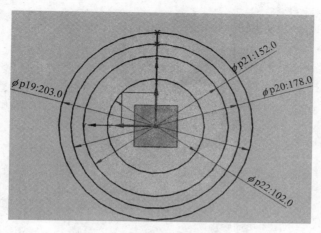

图 6.9　绘制圆的草图

（4）绘制 $\phi 13$ 孔的中心点。绘制方法如前。完后完成草图。

（5）利用"拉伸"命令，向下拉伸 $\phi 203$ 的圆，高度为 51；向上拉伸 $\phi 152$ 的圆，开始为 0，结束为 101，布尔运算"求和"；向上拉伸 $\phi 102$ 的圆，开始为 -51，结束为 101，布尔运算"求差"，得到如图 6.10 所示图形。

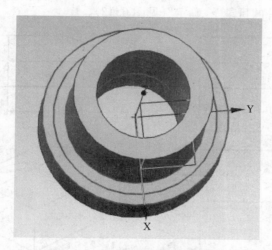

图 6.10　拉伸各个圆，形成中空的凸台

（6）利用"孔"命令，选择草图中创建的点为孔的圆心，孔的半径为 13，孔的深度限制"贯通体"，布尔选择"求差"→确定，得到一个孔。再利用"对特征生成图样"命令，在对话框中设置数量为 4，节距角为 90，其余设置与前相同→确定后，得到如图 6.11 所示图形。三维实体模型 2 就创建完成。

图 6.11　创建完成三维实体模型 2

（7）保存为.stl 文件。菜单栏选择"文件"→"导出"→选择"STL"→对话框默认选项，确定→选择保存的位置→确定。这样就生成了.stl 文件。

6.4.3　绘制三维实体模型 3

（1）新建文件。单击"新建"→在新建对话框中的"文件名"中输入"S3. prt"→在"文件夹"处打开所需存放文件的目录→"确定"（见图 6.12）。

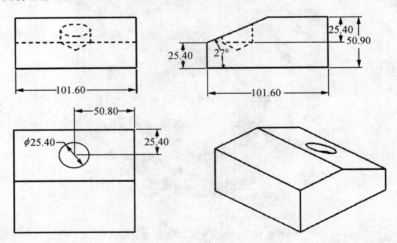

图 6.12　三维实体模型 3 的二维图

（2）进入草图环境→绘制如图 6.13 所示的草图，并进行相关标注→完成草图。

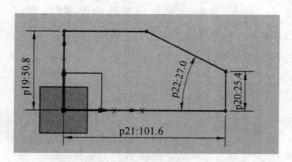

图 6.13 三维实体的草图

（3）使用"拉伸"命令，将草图曲线进行拉伸，开始值为 0，结束值为 101.60，得到如图 6.14 所示的三维模型。

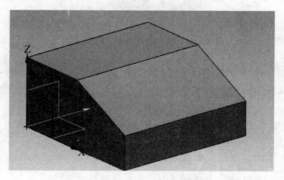

图 6.14 拉伸草图曲线

（4）绘制孔的中心点。点击"任务环境中的草图"图标→对话框中选择图 6.14 的顶面为草图平面；选择草图原点，点击"点对话框"→选择类型为"现有点"，选择基准坐标系的原点为现有原点，当然也可以不选，系统默认新草图原点仍然为基准坐标系原点→确定，返回到"创建草图"对话框→确定。

在草图中，按"创建点"图标，选择"自动判断的点"选项，在草图中任意位置画一个点→利用尺寸标注，确定点的位置，如图 6.15 所示。

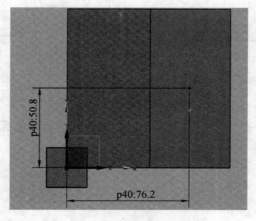

图 6.15 在新的草图上创建一个点

（5）创建孔。选择"孔"命令，在对话框中设置孔的类型"常规孔"，孔的方向"沿矢量"，成型选项为"简单"，直径输入13，深度值25.4，顶锥角118度，布尔运算"求差"→确定。得到如图6.16所示图形，则三维实体模型3绘制完成。

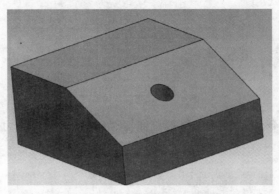

图 6.16　三维实体模型 3 的三维图

（6）保存为.stl文件。菜单栏选择"文件"→"导出"→选择"STL"→对话框默认选项，确定→选择保存的位置→确定。这样就生成了.stl文件。

6.4.4　绘制三维实体模型 4

（1）新建文件。单击"新建"→在新建对话框中的"文件名"中输入"S4. prt"→在"文件夹"处打开所需存放文件的目录→"确定"（见图6.17）。

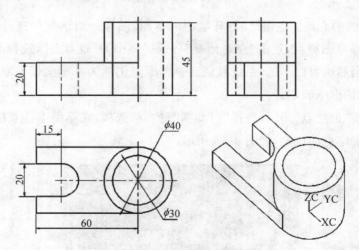

图 6.17　三维实体模型 4 的二维图

（2）进入草图环境→绘制如图6.18所示的草图，并进行相关标注→完成草图。

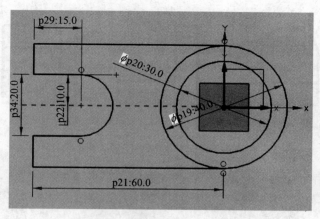

图 6.18 三维实体模型 4 的草图

（3）使用"拉伸"命令，先拉伸 $\phi40$、$\phi30$ 的圆，拉伸高度从 $0\sim45$，布尔运算"无"，结果如图 6.19（a）所示→再使用"拉伸"命令，拉伸与圆柱相切的部分，高度为 20，布尔运算选择"求和"→确定，三维实体模型 4 就绘制完成，如图 6.19（b）所示。

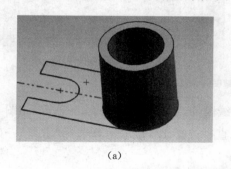
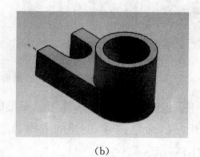

（a）   （b）

图 6.19 使用拉伸命令，得到三维实体模型 4

（4）保存为 .stl 文件。菜单栏选择"文件"→"导出"→选择"STL"→对话框默认选项，确定→选择保存的位置→确定。这样就生成了 .stl 文件。

6.4.5 绘制三维实体模型 5

（1）新建文件。单击"新建"→在新建对话框中的"文件名"中输入"S5.prt"→在"文件夹"处打开所需存放文件的目录→"确定"（见图 6.20）。

（2）选择 XY 平面作为草图平面→进入草图环境→绘制如图 6.21（a）所示的矩形以及在 Y 轴上创建一点（该点为圆的圆心），并进行相关标注→完成草图。

（3）选择 XZ 平面为草图平面→进入草图环境→绘制如图 6.21（b）所示的图形及在 Y 轴上创建一点（该点为圆心），并进行相关标注→完成草图。

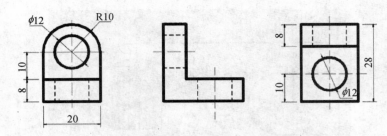

图 6.20　三维实体模型 5 的二维图

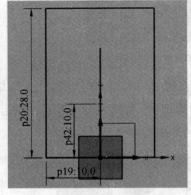

（a）*XY* 平面绘制的草图

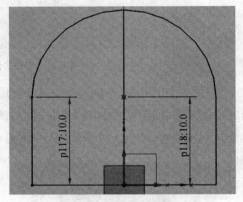

（b）*XZ* 平面绘制的草图

图 6.21　草图的绘制

（4）使用"拉伸"命令→选择组成矩形的各线段，向下拉伸，高度为 8→确定，如图 6.22（a）所示；使用"孔"命令，选择创建的点作为原点，直径选择 12，布尔运算选择"求差"→确定，如图 6.22（b）所示。

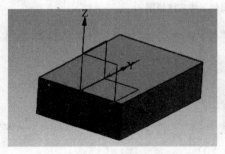

（a）拉伸 *XY* 平面绘制的草图

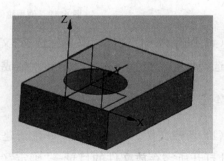

（b）创建圆孔

图 6.22　拉伸 *XY* 平面的草图，创建圆孔

（5）使用"拉伸"命令→拉伸 *XZ* 平面的草图线段，起始值 20，结束值为 28，布尔运算选择"求和"→确认，如图 6.23（a）所示；使用"孔"命令→选择 *XZ* 平面上创建的点为原点，直径 12，贯通体布尔运算"求差"→确认，结果如图 6.23（b）所示。至此，三维实体模型 5 创建完成。

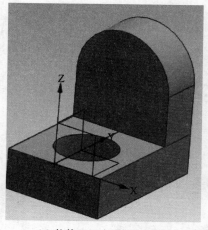
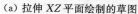

（a）拉伸 *XZ* 平面绘制的草图

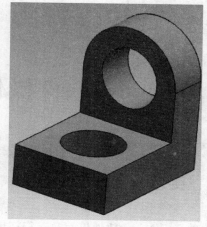

（b）创建圆孔

图 6.23　拉伸 *XZ* 平面的草图,创建圆孔,完成三维实体模型 5 的创建

（6）保存为. stl 文件。菜单栏选择"文件"→"导出"→选择"STL"→对话框默认选项,确定→选择保存的位置→确定。这样就生成了. stl 文件。

6.5　实验要求

（1）实验前需要复习和预习实验内容。
（2）在规定的时间内完成上机任务。
（3）完成实验报告一份。

6.6　实验报告内容

（1）将上述五个图形绘制的主要过程写出,并贴上相关的实验过程的图片。
（2）写下自己在绘制三维实体模型过程中,对于绘制重点和难点的体会。

7　SDview 软件操作实验

7.1　实验目的

（1）熟悉 SDview 软件界面及运行环境的配置。

（2）熟悉软件的基本操作。

（3）掌握在 SDview 软件中，模型的剖切方法以如何确定剥层开口。

（4）能独立操作、独立完成实验任务的能力，提高在实验中分析问题和解决问题的能力。

7.2　实验设备

1）硬件

电脑要求内存 256 MB 以上，64 MB 以上显存，有网卡，硬盘应该有 2 GB 的使用空间。一般要求 15 英寸及以上显示器，并推荐使用三键鼠标，具有标准键盘。

2）软件

电脑使用 Windows XP 或者 Windows 10.0 操作系统。

电脑上预装 SDview 软件。

7.3　实验内容

（1）熟悉 SDview 软件的基本操作。

（2）掌握 sdm 文件生成方法和精度确定。

（3）利用已有模型，学习不同模型剖切的方法。

（4）完成指导教师指定模型的剖切、设置剥层开口以及模型定位操作。

7.4 实验步骤

7.4.1 熟悉 SDview 软件基本操作

按照 SDview 软件的基本操作(第 4.3 节),熟悉软件的各种操作命令。

7.4.2 剥层开口设置实例练习

本节主要是根据 4.4.2 提供的剥层开口实例,学习不同类型的模型,剥层开口设置的方法。

(1) 模型中间有突起(文件名:Example 01)(见图 7.1)

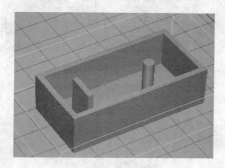

图 7.1 模型中间有突起

(2) 模型壁上有开口(文件名:Example 02)(见图 7.2)

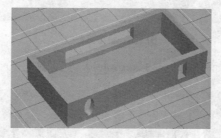

图 7.2 模型壁上有开口

(3) 模型中间有开口(文件名:Example 03)(见图 7.3)

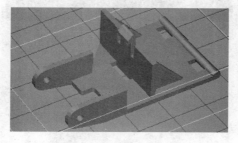

图 7.3 模型中间有开口

（4）模型顶部有盖子（文件名：Example 04）（见图 7.4）

图 7.4　模型顶部有盖子

（5）模型开口较多（文件名：Example 05）（见图 7.5）

图 7.5　模型开口较多

（6）模型为管道（文件名：Example 06）（见图 7.6）

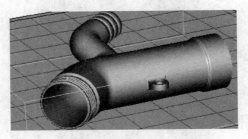

图 7.6　模型为管道

（7）模型为随机自由曲面（文件名：Example 07）（见图 7.7）

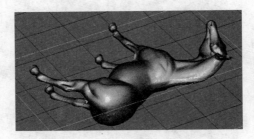

图 7.7　模型为随机自由曲面

（8）模型打印时会形成"屋顶"，不利于多余材料的剥离（文件名：Example 08）
（见图 7.8）

图 7.8   模型打印易成"屋顶"

7.4.3   模型剖切、剥层开口设置及定位操作

本节给出了 10 个模型，可以练习模型的剥层开口设置、模型剖切以及定位等操作。

（1）文件名：4_holes. stl（见图 7.9）

图 7.9   练习模型 1

（2）文件名：fan. stl（见图 7.10）

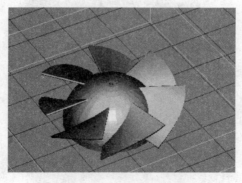

图 7.10   练习模型 2

（3）文件名：heater. stl（见图 7.11）

图 7.11　练习模型 3

（4）文件名：Flat tube. stl（见图 7.12）

图 7.12　练习模型 4

（5）文件名：three gears. stl（见图 7.13）

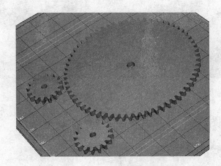

图 7.13　练习模型 5

（6）文件名：model_1. stl（见图 7.14）

图 7.14　练习模型 6

（7）文件名：model_2. stl（见图 7. 15）

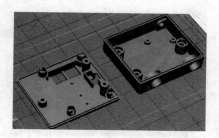

图 7. 15　练习模型 7

（8）文件名：3D_FACE. stl（见图 7. 16）

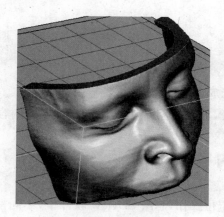

图 7. 16　练习模型 8

（9）文件名：hammer. stl（见图 7. 17）

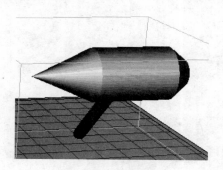

图 7. 17　练习模型 9

（10）文件名：planetary gearbox. stl（见图 7.18）

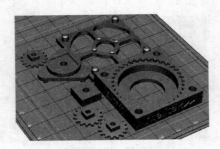

图 7.18　练习模型 10

7.5　实验要求

（1）实验前需要进行复习和预习实验内容。

（2）在规定的时间内完成上机任务。

（3）完成实验报告一份，报告内容应包括实验目的、实验内容、实验步骤和问题分析等。

7.6　实验报告内容

根据上述模型剖切及定位操作，总结 SDview 软件中，不同模型剖切和定位的特点及注意事项，完成实验报告。

8 SD 300 快速成型机的操作实验

8.1 实验目的

（1）熟悉 SD 300 型 LOM 快速成型打印机控制面板。

（2）熟悉分层实体制造快速成型的制作过程。

（3）熟悉快速成型件的后处理工艺。

（4）理解快速成型在生产中的应用。

（5）加深理解和巩固课堂教学的基本知识。

8.2 实验设备

SD 300 型快速成型打印机 2 台、PC 机、SDview 软件。

8.3 实验方法

（1）导入准备加工的 STL 模型至计算机。

（2）用 SD 300 快速成型打印机加工模型。

（3）对模型进行后处理。

8.4 实验内容

（1）熟悉分层实体制造快速成型机的基本操作及加工原理。

（2）了解模型精度选择、模型高度、摆放位置、剥层开口设置等前处理操作对成型时间、成型件质量的影响。

（3）熟悉成型件后处理工艺。

8.5　实验步骤

8.5.1　开机前的准备工作

(1) 安装 PVC 材料卷。

(2) 安装胶水盒与解胶盒。

8.5.2　开机操作

(1) 接通电源,打开成型打印机电源总开关。

造型前成型机要预热,工作台从底部逐渐上升至默认位置需要花费一些时间,所以这一步可以放在前面完成。注意观察成型机预热后的状态。

(2) 打印测试模型(Build test Model)。

如果 SD300 打印机空闲达一周或更长时间,则应创建测试模型。

(3) 模型打印完成后,模型会连同工作台一起上升(Lift model)。

(4) 打开上盖、一切暂停,取出磁垫和上面的模型。

(5) 放回磁垫并与白色塑胶条对齐。

(6) 检查模型,如果出现气泡,应运行清除气泡程序,并重复打印测试程序。

清除气泡一般在成型打印机空闲一个月或以上时进行,其步骤如下:

① 打开 SD300Pro 3D 打印机;

② 运行 SDview 应用程序;

③ 单击工具→选择 SDmove→选择清除气泡;

④ 重复清除气泡操作程序 3 次(每次都将漏胶槽倒空);

⑤ 关闭 SDmove。

(7) 启动计算机,运行 SDview 软件。

(8) 通过 U 盘或网络导入准备加工的 STL 模型至计算机中。

本次实验前,先选取自己设计或已有的三维零件图,保存为 STL 文件,并完成剖切、剥层开口设置以及定位等操作,最后导入与成型机连接的计算机中。处理好的图形文件存为"班号_姓名. sdm",如"234130708_wuhao. sdm"。

8.5.3　图形预处理

这一步应该在"SDview 软件操作实验"中完成。在图形预处理时,需要注意的是:

(1) 结构复杂或尺寸较大的零件,可以单击工具条上的"比例"按钮,调整比例。

(2) 为节约材料,样件应尽可能靠近 X 轴摆放,单击工具条上"移动"按钮和"旋转"按钮,对样件分别进行移动和旋转,或单击"面对齐"按钮调整工作底面,以选取理想的加工方位。

（3）为便于剥离废料，需要对样件周围进行区域划分，单击工具条上的"剥离切割"按钮，进行区域划分。如图 8.1 所示。

图 8.1　模型前处理

8.5.4　样件制作

（1）发送样件到 SD300 中，单击"开始建模"按钮，弹出"开始建模"对话框，如图 8.2 所示。单击"建模"按钮，启动打印机，开始加工。

在"开始建模"对话框中，计算机自动计算总建造层数和建模时间。

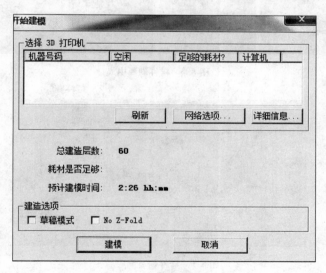

图 8.2　"开始建模"对话框

（2）当操作面板上显示"MODEL COMPLETED. SELECT LIFT MODEL"信息时，打开上盖板，在操作面板上按下"MENU"按钮。当出现"MAIN MENU/LIFT MODEL"时，按下"OK"按钮，出现"LIFT MODEL/YES"信息，再次按"OK"按钮。等到样件升起后，提起磁垫的后角，从打印机工作台上取出样件和磁垫，如图 8.3 所示。

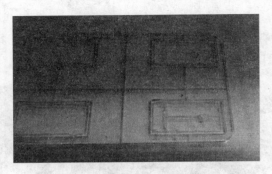

图 8.3　样件加工完成后的情况

8.5.5　关机

单击软件的"关闭"按钮或者"File→Exit"，退出 SD view 软件，关闭计算机。关闭打印机电源开关，拔掉电源。

8.5.6　后处理

用打印机提供的镊子进行样件的材料剥离。找到剥层开口，向上呈螺旋形剥离，沿着逆时针方向，直到样件底部，如图 8.4 所示。完成的零件如图 8.5 所示。

图 8.4　样件剥离中

图 8.5　样件剥离完成后

8.6　实验要求

（1）实验前需要进行复习和预习实验内容。
（2）在规定的时间内完成上机任务。

（3）完成实验报告一份，报告内容应包括实验目的、实验内容、实验步骤和问题分析等，附上说明实验步骤的主要照片。

8.7　实验报告

实验结束后，两周内提交一份打印的实验报告。内容应包括：

（1）本次实验的详细步骤及注意事项。

（2）总结现有的典型快速成型工艺的优缺点。

（3）本次实验所操作模型的三维图、完成模型加工前处理（包括剖切、剥层开口设置以及定位）的三维图、模型后处理前、中、后的照片，以上图片均插入 Word 文档。

（4）结合实验过程及你所看到的实体零件，总结你所想到的成型过程中应注意的问题及其对精度的影响（包括数据处理和加工过程）。

9 熔融沉积打印机操作练习

9.1 实验目的

（1）了解快速成型制造工艺原理和特点。

（2）了解快速成型工艺方法种类及特点。

（3）掌握熔融沉积快速成型设备操作方法及后处理方法，提高学生动手实验和实践的能力。

9.2 实验设备

LC3DP4-500B 型桌面式 FDM 快速成型打印机。

9.3 实验要求

（1）利用计算机对原形件进行切片，生成 STL 文件，并将 STL 文件送入 FDM 快速成型系统；对模型制作分层切片；生成数据文件。

（2）快速成型机按计算机提供的数据逐层堆积，直至原形件制作完成。

（3）观察快速成型机的工作过程，分析产生加工误差的原因。

9.4 实验原理

LC3DP4-500B 型桌面式 FDM 快速成型打印机以 PLA 材料为原料，在其熔融温度下靠自身的粘接性逐层堆积成型。在该成型方式中，材料连续地从喷嘴挤出，零件是由丝状材料的受控积聚逐步堆积成型。其成型示意图如图 9.1 所示。

通过快速成型设备，将一个物理实体复杂的三维加工转变成一系列二维层片的加工，因此大大降低了加工难度。由于不需要专用的刀具和夹具，使得成型过程的难度与待成型的物理实体的复杂程度无关，而且越复杂的零件越能体现快速成型工艺的优势。

FDM 快速成型机基本工作过程如下：

（1）首先设计出所需零件的计算机三维模型，并按照通用的格式存储（STL 文件）。

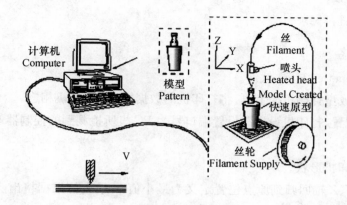

图 9.1 快速成型原理

（2）根据工艺要求选择成型方向（Z 方向），然后按照一定的规则将该模型离散为一系列有序的单元，通常将其按一定厚度进行离散（习惯称为分层），把原来的三维 CAD 模型变成一系列的层片（CLI 文件）。

（3）再根据每个层片的轮廓信息，输入加工参数，自动生成控制代码。

（4）最后由成型机成型一系列层片并自动将它们联接起来，得到一个三维物理实体。

（5）后处理，小心取出原型，去除支撑，避免破坏零件。用砂纸打磨台阶效应比较明显处。如需要可进行原型表面上光。

9.5 实验步骤

9.5.1 脱机打印练习

（1）配置 STL 文件，生成 G 代码，存入 SD 卡。

（2）将 SD 卡插入前面板上的卡槽，给机器上电，打开电源开关。

（3）选择控制→温度→挤出头菜单中旋转旋钮调整挤出头目标温度值（一般打印 PLA 的材料选择的目标温度是 200℃）。按下控制旋钮即可对挤出头进行加热。

（4）挤出头加热到目标温度后，回到主界面的状态，选择由存储卡进入，通过读取 SD 卡的内容进行打印。

（5）选择相应的打印文件，按下控制旋钮，挤出头将会回到坐标原点的位置，将会根据 SD 卡的数据进行运行打印。

（6）模型打印结束后，挤出头回到相应的起始位，所有的电机停止，加热单元也停止工作，控制器处于待机状态。此时，关闭电源开关，即可从打印平台上取下模型。

9.5.2　联机打印练习

1）数据准备

（1）打开 Repetier-Host 软件。

（2）给快速成型打印机插上电，将打印机的数据接口与 PC 机相连。

（3）打开"配置/打印机设置"，设置端口号为 PC 机所检测到的控制器端口，设置波特率为 250 000 bps。

（4）设置打印机形状。

一般把 X、Y、Z 轴回归到原点位置定义为最小值 0，最大值根据挤出头在 X、Y、Z 轴可以移动的最大范围来定。

2）G 代码生成器设置

参考 5.2.3 节的内容，对 G 代码进行设置。

3）成型准备工作

（1）通过手动调节 X 轴、Y 轴、Z 轴的运动方向及距离，观察运动实际情况与指令要求是否相符，并判断打印机是否处于正常状态。

（2）通过回原点指令，观察机器能否可靠回归原点。

（3）观察喷嘴与打印床之间的间隙是否合适，以手动调平打印床与喷嘴之间有一张 A4 纸的间隙为宜。

（4）按下加热挤出头按钮，待温度足够高时，通过控制挤出机的出丝与进丝来观察挤出机运行是否正常。

（5）当机器通过开机手动调试正常运行时，单击"运行任务"按钮开始模型打印。

4）后处理

（1）设备降温

原型制作完毕后，如不继续造型，即可将系统关闭，为使系统充分冷却，至少于 30 分钟后再关闭散热按钮和总开关按钮。

（2）零件保温

零件加工完毕，下降工作台，将原型留在成型室内，薄壁零件保温 15～20 分钟大型零件 20～30 分钟，过早取出零件会出现应力变形。

（3）模型后处理

小心取出原型，去除支撑，避免破坏零件。成型后的工件需经超声清洗器清洗，熔化支撑材料。

9.6　实验注意事项

（1）每次实验前，学生要进行预习实验报告中规定的实验内容，由指导教师讲授有关实验原理、实验方法、实验时要注意的事项等。

（2）存储之前选好成型方向，一般按照"底大上小"的方向选取，以减小支撑量，缩短数据处理和成型时间。

（3）尽量避免设计过于细小的结构，如直径小于 5 mm 的球壳、锥体等。

（4）注意喷头部位未达到规定温度时不能打开喷头按钮。

9.7　实验报告内容

（1）根据所做原型件分析成型工艺的优缺点。

（2）整理模型打印过程中所涉及的各项设置参数以及参数对打印效果的影响。

（3）根据所给三维图，任选其中一种，进行成型工艺分析（定义成型方向，指出支撑材料添加区域，成型过程中零件精度易受影响的区域）。

附录 A　Solido SD300Pro 快速成型打印机故障解决方案

问题描述	解决方案
SD300Pro 电源关闭	确保电源线与壁装电源插座和 SD300Pro 背部电源入口连接完好。查看系统保险丝（位于机器背部，靠近开/关）。如有需要，可进行更换
插入到进料器中时，SD300Pro 无法进料	将 SolidVC 材料层从进料器中拉出，并重复插入数次
SolidVC 材料薄片堵塞	在操作面板上选择退料。从进料器中拉出 SolidVC 材料薄片。将 SolidVC 材料薄片受损部分切除。整理干净并直线切割。再将 SolidVC 材料薄片放入进料器中
无法从 SolidVC 材料卷中切割下 SolidVC 层	按下"停止/恢复"按钮。系统将再次尝试进行层切边操作
模型无法剥下。无法对层进行切割	更换切割刀
机器预热超过 20 分钟，仍无法建模	关闭机器电源，然后再打开电源
机器无法建模。SD 状态中的绿灯不亮	关闭电脑电源，然后再打开电源。关闭 SD300Pro 电源，然后再打开电源
机器每 15 秒蜂鸣一次，且无法建模	（1）打开上盖板和 SolidVC 舱门。关闭 SolidVC 舱门，然后关闭上盖板。确保 SolidVC 舱门和上盖板完全关闭。 （2）如果问题仍无法解决，则关闭机器，然后再打开机器
解胶笔跌落	（1）确保解胶盒的密封口已去除； （2）清理解胶盒边缘； （3）如果第 1 和第 2 步操作后，问题仍无法解决，则更换所有解胶笔（共 3 支）
正在剥离材料块的剩余区域上出现白线	更换所有解胶笔
剥层过程中螺线拉断	再次用镊子找到螺线，继续剥层
无胶水或胶水过少。各层不能较好地黏合	（1）首先确保上次耗材组更换过程中，同时更换胶水盒和所有其他耗材组（SolidVC 材料卷、解胶盒）； （2）打开胶水舱门，确保胶水盒上的密封口已去除，并确保胶水盒中的胶水足够完成建模操作； （3）如果在上一次耗材组更换时，未更换胶水盒，则立即安装新胶水盒； （4）如果剩余的胶水不够，且 SolidVC 材料卷也将耗尽时，立即更换全部 SolidVC 耗材组； （5）按步骤取消并取出模型（参见第 7.1 章）； （6）执行"清除气泡"步骤，将胶水系统中空气清空

附录 B Solido SD300Pro 机器面板显示故障

Replace Cutting Knife(更换切割刀)

错误原因	措施
已超过切割刀使用寿命——刀片已钝或已破损(2—3耗材组)	更换切割刀
在相关区域的模型块前缘上有空气,在该区域需要按层检查切割刀	执行清除气泡操作,恢复建模。如果错误再次出现,请求技术支持
层熨烫压力过大,导致模型块后边缘上的胶水溢出	请求技术支持

Take/Return Tool Error(接受/退回工具错误)

错误原因	措施
解胶笔跌落	确保解胶盒放置于正确位置上;确保3个解胶笔夹放置于解胶笔上,并将1个解胶笔夹放置于XY头上,以确保不出现损坏。如有需要,可更换解胶笔夹;更换跌落的解胶笔,并恢复建模
阳光直接照射工具传感器	遮蔽打印机区域,防止强光直接照射工具位置上

Door Open Error(盖板打开错误)

错误原因	措施
上盖板或材料盖打开时,打印机不能建模	关闭盖板。如果错误仍然存在,在 SDview 的工具菜单中运行 SDstatus,并选择打印机信息标签。确保盖板打开和关闭时,盖板状态发生变更。如果问题仍无法解决,请求技术支持

Height Check Error(高度检测错误)

错误原因	措施
测量层厚度超过允许限值	按下恢复按钮。如果错误再次出现,请求技术支持

Trimming Error(切边错误)

错误原因	措施
裁边刀破损	更换裁边刀
沿着切边平面,模型块前缘上有空气存在	执行清除气泡操作,并恢复建模。如果错误再次出现,请求技术支持

Remove Previous Model(移动先前模型)

错误原因	措施
未移动先前模型——测得平台高度(无模型)过低	如果错误出现时平台上无模型,则重新启动打印机。如果错误再次出现,请求技术支持

No Maget Error(无磁垫片错误)

错误原因	措　施
打印机在工作台无磁垫片情况下启动——测得平台高度过高	将磁垫放置在工作台上,重新初始化打印机。如错误再次出现,请求技术支持

Door Total Error(盖板整体错误)

错误原因	措　施
上盖板传感器出现故障	请求技术支持

Iron Home Error(熨烫原位错误)

错误原因	措　施
熨烫器未放置在原始位置上	手动将熨烫器放回到打印机前方,直到它锁定和恢复建模。如果错误再次出现,请求技术支持

No Media Error(无材料错误)

错误原因	措　施
进料器传感器无法检测到塑料材料卷	退出材料,再将之重新插入到进料器中

Feeding(进料错误)

错误原因	措　施
材料堵塞(卡纸)	退出材料,再将之重新插入到进料器中。确保材料前缘未受损。同时将材料平整切割
进料器部件损坏	请求技术支持

Ironing Error(熨烫错误)

错误原因	措　施
熨烫程序失败	请求技术支持

Hook Error(钩连错误)

错误原因	措　施
打印机未将 XY 桥与熨烫器桥钩连起来	请求技术支持

XY HOME ERROR(XY 原位错误)

错误原因	措　施
打印机无法找到 X 或 Y 原位传感器	试着重新启动打印机。如果错误再次出现,请求技术支持

参 考 文 献

［1］ SD300Pro 中文用户手册. Solido 3D 有限公司. 2010

［2］ SDView 使用技巧和图解实例. Solido 3D 有限公司. 2010

［3］ Solido 公司与产品简介. Solido 3D 有限公司. 1999

［4］ 胡庆夕. 快速成形与快速模具实践教程. 北京:高等教育出版社，2011.8

［5］ 颜永年，单忠德. 快速成形与铸造技术. 北京:机械工业出版社，2004.10